农民教育培训系列教材

化肥农药减施增效技术

◎ 邵玉丽　王维彪　唐勇　主编

中国农业科学技术出版社

图书在版编目（CIP）数据

化肥农药减施增效技术／邵玉丽，王维彪，唐勇主编.—北京：中国农业科学技术出版社，2020.4（2022.9重印）

ISBN 978-7-5116-4647-7

Ⅰ.①化… Ⅱ.①邵…②王…③唐… Ⅲ.①施肥②农药施用 Ⅳ.①S147.2②S48

中国版本图书馆CIP数据核字（2020）第047416号

责任编辑	白姗姗
责任校对	李向荣
出 版 者	中国农业科学技术出版社
	北京市中关村南大街12号　邮编：100081
电　　话	（010）82106638（编辑室）　（010）82109702（发行部）
	（010）82109709（读者服务部）
传　　真	（010）82106650
网　　址	http://www.castp.cn
经 销 者	各地新华书店
印 刷 者	北京捷迅佳彩印刷有限公司
开　　本	850 mm×1 168 mm　1/32
印　　张	6.125
字　　数	190千字
版　　次	2020年4月第1版　2022年9月第2次印刷
定　　价	35.00元

版权所有·翻印必究

《化肥农药减施增效技术》编委会

主　编：邵玉丽　王维彪　唐　勇
副主编：孙全军　陈　鹏　王天民　王允春
　　　　郑付军　谢寿鹏　姚亚妮　李贵明
　　　　赵培光　周向东　周银华　刘　志
　　　　谢新宇　王丽竹
编　委：李显明　杨　楠　王克勤　鄂辉邦
　　　　张得平　代　志　王晨阳　张海茹
　　　　杨金玉　刘广杰

前　言

化肥、农药作为重要的农业生产资料，在提高农作物产量、改善农产品的品质方面有着重要的作用。然而，由于化肥农药的过量使用，不仅造成生产成本增加，也影响农产品质量安全和生态环境安全。为此，农业农村部开展了化肥农药使用量零增长行动，力争我国化肥农药使用量从零增长转为常态负增长。化肥农药减量增效成为各地推进绿色发展的重要内容。

本书以农业科学理论为基础，以帮助农民朋友科学施肥施药为目的，对化肥农药减量增效的实用技术展开介绍。主要内容包括化肥施用概述、农作物精准施肥技术、有机肥替代化肥、缓控释肥料、测土配方施肥、水肥一体化技术、农药施肥概述、精准施药技术、农业防控、绿色防控等。本书语言通俗、内容实用，适合广大农民以及农业技术推广人员参考学习。

由于时间仓促，编者学识有限，书中难免存在不足之处，欢迎广大读者批评指正。

编　者
2019 年 11 月

目 录

第一章 化肥施用概述 …………………………………… (1)
  第一节 化肥的特点和分类 ………………………………… (1)
  第二节 作物对养分的需求与吸收 ………………………… (4)
  第三节 科学施用化肥 ……………………………………… (11)

第二章 农作物精准施肥技术 …………………………… (20)
  第一节 粮油作物精准施肥 ………………………………… (20)
  第二节 果树精准施肥 ……………………………………… (31)
  第三节 蔬菜精准施肥 ……………………………………… (49)

第三章 有机肥替代化肥 ………………………………… (57)
  第一节 有机肥的概念和特点 ……………………………… (57)
  第二节 有机肥的主要来源 ………………………………… (59)
  第三节 有机肥替代的方法 ………………………………… (73)
  第四节 主要作物有机肥替代化肥技术 …………………… (76)

第四章 缓控释肥料 ……………………………………… (95)
  第一节 什么是缓控释肥料 ………………………………… (95)
  第二节 缓控释肥料的类型 ………………………………… (97)
  第三节 缓控释肥料的应用 ………………………………… (100)

第五章 测土配方施肥 …………………………………… (105)
  第一节 测土配方施肥概述 ………………………………… (105)
  第二节 测土配方施肥的原则 ……………………………… (108)
  第三节 测土配方施肥的方法 ……………………………… (109)

第六章 水肥一体化技术 ………………………………… (112)
  第一节 水肥一体化概述 …………………………………… (112)
  第二节 水肥一体化技术实施流程 ………………………… (115)

第三节　主要农作物的水肥一体化技术……………（132）
第七章　农药施用概述………………………………（142）
  第一节　农药的基本概念……………………………（142）
  第二节　农药科学施用………………………………（146）
第八章　精准施药技术………………………………（151）
  第一节　确定用药量和浓度…………………………（151）
  第二节　农药的混合调制……………………………（154）
  第三节　掌握喷雾技术………………………………（156）
第九章　农业防控……………………………………（164）
  第一节　选育抗病良种………………………………（164）
  第二节　合理耕作方式………………………………（167）
  第三节　设施栽培技术………………………………（170）
第十章　绿色防控……………………………………（175）
  第一节　物理防控……………………………………（175）
  第二节　生物防控……………………………………（180）
主要参考文献………………………………………（185）

第一章 化肥施用概述

第一节 化肥的特点和分类

一、化肥的特点

当前世界，各种化肥商品品种繁多，规格各异，为了减少商品的流通时间和费用，从生产领域进入消费领域，充分发挥它的作用，就必须认识和掌握它的特点。化肥商品同农家肥料相比，具备以下特点。

（一）有效成分含量高

化学肥料和农家肥料不同，成分纯，有效成分含量高。化肥中的有效成分，是以其中所含的有效元素或这种元素氧化物的重量百分比来表示的，如氮肥是以所含氮元素的重量百分比来表示的；磷肥是以所含 P_2O_5 的重量百分比来表示。尿素含氮量为46%，1千克尿素相当于人粪尿70~80千克。

（二）有酸碱反应

化肥有化学和生理酸碱反应之分。化学酸碱反应是指由肥料本身的化学性质引起的酸碱变化，如碳酸氢铵化学性质呈碱性反应，称为化学碱性肥料；过磷酸钙呈酸性反应，则称化学酸性肥料。生理酸碱反应是指施入土壤中的化肥经作物选择吸收后，剩余部分在土壤中导致的酸碱反应，如硫酸铵，NH_4^+ 被植物吸收利用后，残留的 SO_4^{2-} 导致生长介质酸度提高，这种肥料就称为生理酸性肥料。

（三）肥效发挥快

除少数矿物质化肥（如钙镁磷肥、磷矿粉等）难溶于水外，大多数化肥易溶于水，施到土壤里或进行根外追肥，能够很快被作物吸收利用，肥效快而显著。

（四）便于储运与施用

固体化肥一般为粉状或颗粒状，体积小而疏，便于运输、保管和机械化施肥。即使是液体化肥，只要安排合理的商品流向，选择合适的运输工具，采用较好的储存容器和施用器械，也是便于储运和施用的。相反，农家肥料，无一定形状、规格，一般使用量大，成分也较复杂，除含水分外，还含有秸秆、杂草、炕土、垃圾和各种废弃物，因而储运和施用都不方便。

（五）养分单一

化肥的养分不如有机肥料齐全。

（六）用途广泛

有些化肥不仅能够供给作物需要的营养元素，而且还有杀虫防病等其他功能，如氨水对蛴螬、蝼蛄等害虫有驱避和杀伤作用。

但化学肥料也有不及农家肥的地方。首先，单独施用某种化肥过多过久，会改变土壤合适的酸碱度，破坏土壤的团粒结构。农家肥不仅所含的养分齐全，而且还含有丰富的有机质，可以增加土壤中的腐殖质，使土壤疏松和团粒化，提高土壤吸水保肥能力。其次，大多数化肥的适用对象有选择，如氯化铵不适用于烟草、甘蔗、甜菜等忌氯作物。而农家肥料则适用于任何作物和土壤。再次，化肥（除复合肥料外）养分单一，多数肥效不持久。而农家肥料养分齐全，肥效长，所含的多种营养元素和其他物质，在土壤微生物的分解作用下，能够较长时间内供给作物需要的养分。

正因为化学肥料和农家肥料各有优点和缺点，如果互相配合施用，就能取长补短，相得益彰。因此，今后在大力发展化学肥料生产的同时，还必须积极利用农家肥料，并不断地改进堆制方法和施用技术。

二、化肥的分类

不同的分类方法，化肥的分类也不同，现将几种分类方法分别介绍如下。

（一）按肥料所含的营养元素分类

1. 氮肥

根据氮素存在的形态不同，可分为以下几种。

（1）铵态氮肥。氮素以铵离子（NH_4^+）形态存在，如碳酸氢铵、氯化铵等。

（2）硝态氮肥。氮素以硝酸根离子（NO_3^-）形态存在，如硝酸钠等。

（3）铵态—硝态氮肥。氮素以铵离子和硝酸根离子形态存在，如硝酸铵等。

（4）酰胺态氮肥。氮素以酰胺基形态存在，如尿素等。

（5）氰氨态氮肥。氮素以氰氨基（$N \equiv C—N =$）形态存在，如石灰氮等。

2. 磷肥

根据磷素在水中的溶解度不同，可分为：水溶性磷肥，如过磷酸钙等；枸溶性磷肥，如钙镁磷肥等；难溶性磷肥，如磷矿粉等。

根据生产方法的不同，可分为：酸法磷肥，如过磷酸钙等；热法磷肥，如脱氟磷肥、钙镁磷肥等；机械加工磷肥，如磷矿粉等。

3. 钾肥

目前常用的有氯化钾、硫酸钾、硝酸钾和窑灰钾肥等。

4. 复合肥料

按所含营养元素种类多少，可分为：二元复合肥，即含有两种营养元素的化肥，如磷酸钾、硝酸钾等；三元复合肥，即含有三种营养元素的化肥，如硝磷钾、铵磷钾等；多元复合肥，即含有三种以上营养元素的化肥。

按生产方式的不同，又可分为：合成复合肥，如硝酸磷肥等；混成复合肥，如氮钾混合肥、尿素—钾—磷混合肥等。

5. 微量元素肥料

一般常用的有硼肥、钼肥、铜肥和锌肥等。

（二）按肥料对作物生长起作用的方式分类

1. 直接肥料

直接肥料是指主要通过供应养分来促进作物生长发育的肥料，包括氮肥、磷肥、钾肥、复合肥和微量元素肥料等。

2. 间接肥料

间接肥料是指主要通过调节土壤酸碱度和改善土壤结构来促进

作物生长发育的肥料。主要有石灰、石膏等。

（三）按肥料的化学性质分类

1. 酸性肥料

酸性肥料可分为化学酸性肥料和生理酸性肥料两类。化学酸性肥料，是指本身呈酸性反应的肥料，如过磷酸钙等；生理酸性肥料，是指某些化学肥料施到土壤中后离解成阳离子与阴离子，由于作物吸收其中的阳离子多于阴离子，使残留在土壤中的酸根离子较多，从而使土壤（或土壤溶液）的酸度提高的肥料，如氯化铵等。

2. 碱性肥料

碱性肥料可分为化学碱性肥料和生理碱性肥料两类。化学碱性肥料，是指本身呈碱性反应的肥料，如氨水等；生理碱性肥料，是指某些肥料由于作物吸收其中一些阴离子多于阳离子而在土壤中残留较多的阳离子，使得土壤碱性提高的肥料，如硝酸钠等。

3. 中性肥料

中性肥料指既不是酸性，也不是碱性，施用后不会造成土壤发生酸性或碱性变化的肥料，如尿素等。

（四）按化肥的效力快慢分类

（1）速效肥料。如氮肥（石灰氮除外）、钾肥和磷肥中的过磷酸钙等。

（2）迟效肥料。如钙镁磷肥、磷矿粉等。

（五）其他分类

按肥料中有效成分含量的高低分为高效肥料和低效肥料。按化肥的物理状态的不同，分为固体化肥、液体化肥、气体肥料等。

第二节 作物对养分的需求与吸收

一、作物对养分的需求

（一）作物生长发育所必需的营养元素

一般新鲜作物含有 75%~95% 的水分，5%~25% 的干物质。在干物质中绝大部分是有机化合物，约占 95%，无机化合物只占 5%

左右。干物质经加热燃烧后，其有机化合物部分几乎全部可被氧化分解，以二氧化碳、水、氮气等物质的气体形式逸出，留下的残渣，就是灰分。灰分含有几十种化学元素，有作物生长所必需的和非必需的营养元素。

根据试验研究，高等植物所必需的营养元素有：碳、氢、氧、氮、磷、钾、钙、镁、硫、铁、硼、锰、铜、锌、钼及氯16种元素。这16种必需营养元素，由于它们在作物体内含量不同，又可分为大量、中量和微量营养元素。大量营养元素在作物体内占干物重的千分之几到百分之几，如碳、氢、氧、氮、磷、钾等。中量和微量营养元素在作物体内占干物重的千分之几到十几万分之几，如钙、镁、硫、铁、硼、锰、铜、锌、钼及氯等。

氮、磷、钾三要素对作物固然重要，但是中、微量营养元素的重要性也不能忽视。尽管它们在作物中的含量相差百倍、千倍，甚至十万倍，但缺少其中任何一种微量元素，也会影响作物的正常生长发育。缺氮会使叶绿素合成受阻，叶色失绿显黄，严重缺氮时，作物早衰，产量显著下降。只有增施氮肥，才能减轻其为害。在缺磷的土壤中，增施氮肥，作物也不能正常生长。硼元素一般占作物干物重的十万分之二，如果硼元素不足，作物就表现为花药和花丝萎缩，花粉管形成困难，出现"花而不实""穗而不实"的现象。其他营养元素施用再多也不能弥补损失。

（二）必需营养元素的基本生理作用

各种必需营养元素在作物体内部有着各自独特的作用，其基本生理作用如下。

（1）构成作物体的基本物质和生活物质。结构物质就是构成作物体的基本物质，如纤维素、半纤维素、木质素及果胶物质等。生活物质则是指作物代谢过程中最为活跃的物质，如氨基酸、蛋白质、核酸、类脂、叶绿素及酶等。这些物质都是由碳、氢、氧、氮、磷、硫、钙、铁等元素组成的。

（2）在作物体内代谢过程中起催化作用大多数微量元素和钾、钙、镁等，都具有加速体内代谢过程的作用。这些营养元素大多是酶的组成部分，如钼是固氮酶活性部分的重要组成成分，或是酶的活化剂，如钾是许多酶的活化剂。

（3）对作物具有特殊的功能钾、钙、镁等在作物体内是活性较强的元素，在很多方面对作物有特殊功能，能调节细胞的通透性，增强作物的抗逆性等。

总之，作物体内任何生理生化过程，都不可能由某一种元素单独完成。由于营养元素具有各自的特殊生理功能和相互作用，共同担负着各种代谢功能，才保证了作物的正常生长发育。

二、作物对养分的吸收

（一）根系对养分的吸收

根系是植物吸收养分和水分的主要器官。植物体与环境之间的物质交换，在很大程度上是通过根系来完成的。因而，植物根系的粗壮发达、生活力强、耐肥耐水是植物丰产的基础。

1. 根吸收养分的部位

据离体根研究，根吸收养分最活跃的部位是根尖以上的分生组织区，大致离根尖1厘米，这是因为在结构上，内皮层的凯氏带尚未分化出来，韧皮部和木质部都开始了分化，初具输送养分和水分能力；在生理活性上，也是根部细胞生长最快，呼吸作用旺盛，质膜正急骤增加的地方。就一条根而言，幼嫩根吸收能力比衰老根强，同一时期越靠近基部吸收能力越弱。

根毛因其数量多、吸收面积大、有黏性、易与土壤颗粒紧贴而使根系养分吸收的速度与数量成十倍、百倍甚至千倍地增加。根毛主要分布在根系的成熟区，因此根吸收养分最多的部位在离根尖10厘米以内，越靠近根尖的地方吸收能力越强。

根系吸肥的特点决定了在施肥实践中应注意肥料施用的位置及深度。一般来讲，种肥（除与种子混播的肥料外）施用深度应距种子一定距离和播种相适应的地方，基肥应将肥料施到根系分布最稠密的耕层之中（20厘米左右）在植物生长期间追肥时，也应根据肥料的性质和种植状况，将其施到近根的地方。

2. 根可吸收的养分形态

植物根能吸收的养分形态有气态、离子态和分子态三种。气态养分有二氧化碳、氧气、二氧化硫和水气等。气态养分主要通过扩散作用进入植物体内，也可以从多孔的叶子进入，即由气孔经细胞间隙进入叶内。

植物根吸收的离子态养分可分为阳离子和阴离子两组。阳离子有 NH_4^+、K^+、Ca^{2+}、Mg^{2+}、Fe^{2+}、Mn^{2+}、Cu^{2+}、Zn^{2+} 等；阴离子有 NO_3^-、$H_2PO_4^-$、HPO_4^{2-}、$H_2BO_3^-$、$B_4O_7^{2-}$、MoO_4^{2-}、Cl^- 等。

土壤中能被植物根吸收的分子态养分种类不多，而且也不如离子态养分易进入植物体，植物只能吸收一些小分子的有机物，如尿素、氨基酸、糖类、磷酯类、植酸、生长素、维生素和抗生素等。一般认为有机分子的脂溶性大小，决定着它们进入植物体内部的难易。大多数有机物须先经微生物分解转变为离子态养分以后，才能较为顺利地被植物吸收利用。

3. 土壤养分向根部迁移的方式

土壤中离子态养分向根部迁移的方式有 3 种——截获、扩散和质流。

(1) 截获。截获指植物根在土壤中伸长并与其紧密接触，使根释放出的 H^+ 和 HCO_3^- 与土壤胶体上的阴离子和阳离子直接交换而被根系吸收的过程。这种吸取养分的方式具有两个特点：第一，土壤固相上交换性离子可以与根系表面离子养分直接进行交换，而不一定通过土壤溶液达到根表面；第二，根系在土体中所占的空间对整个土体来说是很小的，况且并非所有根的表面都能对周围土壤中交换性离子进行截获，所以仅仅靠根系生长时直接获得的养分也是有限的，一般只占植物吸收总量的 0.2%~10%，远远不能满足植物的生长需要。

(2) 扩散。扩散是由于根系吸收养分而使根圈附近和离根较远处的离子浓度存在浓度梯度而引起土壤中养分的移动。土壤中养分扩散是养分迁移的主要方式之一，因为，植物不断从根部土壤中吸收养分，使根表土壤溶液中的养分浓度相对降低，或者施肥也会造成根表土壤和土体之间的养分浓度差异，使土体中养分浓度高于根表土壤的养分浓度，因此就引起了养分由高浓度处向低浓度处的扩散作用。

（3）质流。质流是因植物蒸腾、根系吸水而引起的水流中所携带的溶质由土壤向根部流动的过程。其作用过程是植物蒸腾作用消耗了根际土壤中大量水分以后，造成根际土壤水分亏缺，而植物根系为了维持植物蒸腾作用，必须不断地从根周围环境中吸取水分，土壤中含有的多种水溶性养分也就随着水分的流动带到根的表面，为植物获得更多的养分提供了有利条件。

一般认为，在长距离时，质流是补充养分的主要形式；而在短距离内，扩散作用则更为重要。如果从养分在土壤中的移动性来讲，硝酸态氮素移动性较大，质流可提供大量的氮素，但磷和钾较少。氮素通过扩散作用输送的距离比磷和钾要远得多，磷的扩散远远低于钾。

4. 根部对无机养分的吸收

目前较一致的看法是离子进入根细胞可划分为被动吸收和主动吸收两种形式。

（1）被动吸收。被动吸收又称非代谢吸收，是一种顺电化学势梯度的吸收过程。不需要消耗能量，属于物理的或物理化学的作用。养分可通过扩散、质流等方式进入根细胞。

①养分通过扩散、质流等形式进入根细胞。离子态养分无论是通过截获、扩散或质流都能进入根细胞。但一般不通过细胞膜，对整个组织来说，一般不能通过内皮层。

②离子交换。植物吸收离子态养分，还可以通过离子交换的方式进入植物体内。一般情况是根细胞外的氢离子和黏粒扩散层交换性阳离子进行交换。

（2）主动吸收。主动吸收又称为代谢吸收，是一个逆电化学势梯度且消耗能量的吸收过程，且有选择性。之所以提出植物吸收养分还有主动吸收的机制，是因为有很多现象用被动吸收难以或不能解释。

现象一：植物体内离子态养分的浓度常比土壤溶液的浓度高出很多倍，有时可高达十倍至数百倍，而植物根系仍能不断地吸收这种养分，并不见养分有外溢现象。

现象二：为什么植物吸收养分有高度选择性，而不是外界环境中有什么养分，就吸收什么养分。

现象三：植物对养分的吸收强度与其代谢作用密切相关，并不决定于外界土壤溶液中养分的浓度。常表现出植物生长旺盛，吸收强度就大，生长衰弱，吸收强度就小。

究竟养分如何进入植物细胞膜内，很多学者通过研究提出了不少假说，但养分进入植物体内的真正机制，到目前为止，还不十分清楚。目前，从能量的观点和酶的动力学原理来研究植物主动吸收离子态养分，并提出载体学说、离子泵学说等。

但对于离子半径大小相似、所带电荷相同的离子相互间还存在着争夺载体运载的现象。例如，K^+和NH_4^+，$H_2PO_4^-$、NO_3^-和Cl^-在被植物吸收时，彼此就有对抗现象。

主动吸收的离子只要细胞保持着活力，离子就不会释放出来，它们也不与外界环境中的离子进行交换。

5. 根部对有机养分的吸收

植物根系不仅能吸收无机养分，也能吸收有机态养分。这是20世纪初随着无菌技术和同位素技术的应用而得到证实的，当然植物并不是什么样的有机养分都能吸收，而主要是限于那些分子量小、结构比较简单的有机物，同时也与被吸收的有机物性质有关。如大麦能吸收赖氨酸，玉米能吸收甘氨酸，大麦、小麦和菜豆能吸收各种磷酸己糖和磷酸甘油酸，水稻幼苗能直接吸收各种氨基酸、核苷酸以及核酸等。近年来，使用微量放射自显影的研究指出，以^{14}C标记的腐殖酸分子能完整地被植物根所吸收，并可输送到茎叶中。

（二）根外器官对养分的吸收

植物通过地上部分器官吸收养分和进行代谢的过程，称为根外营养。根外营养是植物营养的一种方式，但只是一种辅助方式。生产上把肥料配成一定浓度的溶液，喷洒在植物叶、茎等地上器官上，称为根外追肥。

1. 根外营养的机制

根外营养的主要器官是茎和叶，其中叶的比例更大，因而，人们研究根外营养机制时多从叶片研究开始，早期认为叶部吸收养分是从叶片角质层和气孔进入，最后通过质膜而进入细胞内。现在多认为：根外营养的机制可能是通过角质层上的裂缝和从表层细胞延伸到角质层的外质连丝，使喷洒于植物叶部的养分进入叶细胞内，参与代谢过程。

2. 根外营养的特点

（1）直接供给植物养分。防止养分在土壤中固定和转化。如磷、锰、铁、锌等；某些生理活性物质，如赤霉素、维生素 B_9 等，施入土壤易于转化，采用根外喷施就能克服这种缺点。

（2）养分吸收转化比根部快。能及时满足植物需要。用 ^{32}P 在棉花上试验，涂于叶部，5 分钟后各器官已有相当数量的 ^{32}P。而根部施用经 15 昼夜后 ^{32}P 的分布和强度仅接近于叶部施用后 5 分钟叶的情况。

（3）促进根部营养，强株健体。根外追肥可提高光合作用和呼吸作用的强度，显著地促进酶活性，从而直接影响植物体内一系列重要的生理生化过程，也改善了植物对根部有机养分的供应，增强根系吸收水分和养分的能力。

（4）节省肥料，经济效益高。

3. 影响根外营养效果的因素

（1）溶液的组成。

（2）溶液的浓度及反应。如果主要供给阳离子时，溶液调至微碱性，反之供给阴离子时，溶液应调至弱酸性。

（3）溶液湿润叶片的时间。研究表明，保持叶片湿润的时间在 30~60 分钟内吸收的速度快、吸收量大；要使养分能在叶茎上保持较长时间，喷施时间最好在傍晚无风的天气下进行。

（4）叶片与养分吸收。双子叶植物，因叶面积大，角质层较薄，溶液中的养分易被吸收；而稻、麦、谷子等单子叶植物，叶面积小，角质层较厚，溶液中养分的吸收比较困难，在这类植物上进行根外追肥要加大浓度。从叶片结构上看，叶子表面的表皮组织下是栅状组织，比较致密；叶背面是海绵组织，比较疏松、细胞间隙较大，孔道细胞也多，故喷施叶背面养分吸收快些。

（5）喷施次数及部位。不同养分在叶细胞内的移动是不同的。每隔一定时期连续喷洒的效果，比一次喷洒的效果好。生产实践中应掌握在 2~3 次为宜。

(三) 养分在作物体内的运转和利用

通过根部或根外器官吸收的养分进入植物体后，除了满足自身生长发育需要外，大量的养分要进行短距离运输（即养分由表皮、皮层运至根中柱方向的截面运输过程）和长距离运输（即物质通过植物周身的维管系统在根部与地上部之间进行运移的过程），以提供植物其他器官和组织对养分的需要，实现这一目的最重要的途径是木质部运输和韧皮部运输，水和无机养分主要通过木质部向上运输，也可以通过韧皮部向下运输；而有机养分主要在韧皮部内向上和向下运输。

1. 木质部运输的机理

木质部运输是指养分及其同化物从根通过木质部导管或管胞运移至地上部的过程。其机理是，绝大多数的营养元素以无机离子的形式在木质部运转，离子在木质部导管里运输主要靠质流，是随蒸腾流向上运输的。

2. 韧皮部运输的机理

韧皮部运输是指叶片中形成的同化物以及再利用的矿质养分通过韧皮部筛管运输到植物体其他部位的过程。养分从老组织到新组织的运输完全靠韧皮部运输。

3. 养分在植物体内的再分配与再利用

养分进入植物体内后就参与植物的生理生化过程，发挥着自己的生理和营养功能，由于植物在不同的生育时期对养分的数量和比例要求不同，环境中养分供应水平与程度也不一样，因而，植物体内的养分就会随生长中心的转移而使养分再分配与再利用。

当然各种养分转移的情况和数量是不同的，一般 N、P、S、Mg、K 较易移动，再利用程度较高，而 B、Ca 很难被再利用。

第三节 科学施用化肥

一、合理施用氮肥

合理施用氮肥应做到以下几点。

1. 基肥深施覆土是关键

根据氮肥易挥发损失的性质，在施用技术上就必须尽量抑制其不利的变化过程，深施就是最重要的技术措施，以抑制氨挥发、硝化及反硝化作用，最大限度地保蓄氮素（供给作物），把损失降到最小。深施，一般要求将肥料施在距地面6厘米以下。方法有：撒施后翻耕或旋耕（实为层施肥）、机播、顺犁沟溜施、开沟及挖坑施。基施、追施，原则上都应达到深施的要求。一般密植作物追肥不易做到深施，应优先选用尿素，撒施后灌水（或大雨），以水带肥渗入土层；若用碳酸氢铵，肥效虽快，但损失大（随水渗入较少），肥效持续时间短。

2. 应分次施用

氮肥因易淋失和发生氨损失，因此，应分为基肥和不同次数的追肥施用。

3. 克服、避免肥料本身不利的个性特点

（1）硝态氮肥，不宜用于稻田。

（2）含氯肥料，不宜施于对氯敏感的作物（前述），不要用于透排水不良的土壤（尤其是盐碱地），干旱区无灌溉农田不能长期大量施用。

（3）尿素做稻田基肥时，应在初灌前5~7天施入（大量转化为铵氮后再灌水）。

土壤保存氮肥的能力较小，施入的氮肥损失较大，基本无后效。因此，在某种土壤某一作物上，在产量水平相对稳定的情况下，年年都需适量施入。

二、钾肥的合理施用技术

1. 深施

钾肥虽然活动性较好，可深施，可面施（撒施灌水），但因表层土壤干湿变化大而频繁，会增加土壤对钾的层间固定，因而钾肥也应以深施为主。

2. 以基施为主

可全部做基肥（钾肥易被土壤保存）；也可基肥、追肥分次施用（流动性较好）。

3. 在沙性土上施用

强调应与有机肥混合施用，以减少流失。

4. 因土因作物施用

氯化钾不适宜在干旱（年降水量少于700毫米）和无灌溉条件下及在盐渍土上施用。不适宜在对氯敏感作物上施用，如马铃薯。蔬菜、瓜果等也尽可能少施或不施。钾肥应优先施于喜钾作物，如豆科作物，薯类作物，甜菜、甘蔗等糖用作物，棉花、麻类等纤维作物，以及烟草、果树等都是需钾较多的作物。禾本科作物中以玉米对钾最为敏感，水稻中的杂交稻需钾也比较多。因此，钾肥应优先施于这些喜钾作物上，可以发挥钾肥的最大效益。钾肥应优先施于缺钾土壤，当速效钾含量小于120毫克/千克的壤质土，应增施钾肥；当速效钾含量为120~160毫克/千克的壤质土，酌情补施钾肥；当速效钾含量大于160毫克/千克的壤质土，可不施钾肥。沙质土大多是缺钾土壤，施用钾肥的效果十分明显。值得注意的是沙性土施钾时应控制用量，采取少量多次的方法，避免钾的流失。钾肥应优先施于高产田，一般来讲，中、低产田因产量水平不高，补钾问题并不突出。而高产田由于产量高，带走的钾素多，往往出现缺钾现象，在一定程度上成为作物高产的限制因素。因此，钾肥应优先施于高产田，可以充分发挥平衡施肥的作用。这是一项十分重要的增产措施。钾肥应优先施用于长期不施用农家肥的农田。农家肥钾素含量较高，长期不施用农家肥使得土壤中的钾素得不到补充，因此，往往土壤速效钾含量都较低。

三、氮、磷、钾肥料合理施用技术要点

1. 深施是关键

深施是有机肥、氮、磷、钾肥的一项最基本、最关键的技术。原因是：深施有利于有机肥腐解、减少氮肥的分解挥发损失、抑制硝化（进而反硝化）作用，减少淋失和还原氮气态损失；深施能够使难移动的磷肥接近植物根系；深施能够减少钾肥因施于表土受干湿交替作用导致的层间固定（失效）。

深施方法：撒肥后耕翻或重耙旋耕（实为全层施肥），机播（包括种肥），开沟及挖坑施。在地面追肥时，必须结合灌水或在大雨前进行，稻田追肥可先落干几天，再追肥灌水。地面追肥，一般仅限于氮肥，钾肥亦可，磷肥除水稻外在旱作物上效果不明显。

尿素表施、灌水追施比碳酸氢铵好。据试验，尿素渗入 0~10 厘米土层的占 15%~20%，渗入 10~30 厘米的占 80%。而碳酸氢铵仅为尿素渗入量的 14.3%~28.6%（尿素渗入量是碳酸氢铵的 3.5~7 倍）。碳酸氢铵表施灌水的损失：1 天损失 6.1%，3 天损失 12.5%；碳酸氢铵深施灌水的损失：深施 3 厘米，8 天损失 10.5%；深施 6 厘米，6 天无损失。

2. 按照肥料的性质正确使用

有机肥一般只做基肥施用（便于施入土层，创建水、热、气、微生物腐解环境）。氮肥因其易损失必须分次施用。应该分为基施与不同次数的追施。因磷、钾肥不易损失或损失较少，一般作物追施又不易做到深施，因此可全部作为基肥施用。追肥也采用挖沟、挖坑方式进行，分次施用当然更好（减少固定损失，钾肥还可减少淋失量），硝态氮肥（包括含硝态氮的多元肥）不应施于稻田。尿素若做稻田基肥，应在初灌前 5~7 天施入（让其转化为铵态氮）。含氯肥料不宜施于盐碱地、排水不良的低洼地、干旱半干旱区土壤（年降水量不足 700 毫米）；对氯敏感的作物，如烟草、薯类、枸杞、果树等，以及绿色蔬菜生产，不要施用。在灌区的谷类作物上施用，是完全可以的（尤其是水稻，氯化铵的效果往往高于其他氮肥）。

3. 化肥与有机肥配合施用

有机肥不仅养分齐全，能改良土壤，而且能够提高化肥利用率（特别是对磷肥）。

四、常用的二元肥料主要品种及施用技术

只含有一种大量营养元素（或氮、或磷、或钾）的肥料，称为单质（单一）肥料，即分别称为氮肥、磷肥、钾肥。而含氮、磷、钾三大元素中的二种或三种的肥料，即为多元肥料。

多元肥料按其制造方法，可将多元肥料称为复混肥料，复混肥料是复合肥料和混合肥料的统称，是由化学方法或物理方法加工制成的。通常有复合肥料、混合肥料和掺混肥料（BB肥）。复合肥料是直接通过化合作用或混合氨化造粒过程制成的肥料，一般分为二元复合肥和三元复合肥。

1. 常用的氮磷二元复合肥

主要有磷酸二铵、硝酸磷肥及部分磷酸一铵。这类肥料有固定的分子式，养分含量稳定。

(1) 磷酸二铵。分子式为 $(NH_4)_2HPO_4$，总养分为 62% ~ 75%，其中，含氮 (N) 16% ~ 21%、五氧化二磷 (P_2O_5) 46% ~ 54%。白色单斜晶体，水溶液呈微碱性，pH 值 7.8 ~ 8.0。易溶解，在 10℃ 时，每 100 毫升水中可溶解 63 克。一般情况下，磷酸二铵比较稳定，只有在湿、热条件下可引起氨的部分挥发。它是以磷为主的氮磷复合肥，其中氮为铵态氮、90% 以上的磷为负二价水溶磷。磷酸二铵可做基肥、种肥和追肥，亩（1亩≈667平方米。全书同）施量一般为 10 ~ 15 千克。但如前所述，都应做到深施。不要与碱性肥料如碳酸氢铵、草木灰混合施用。做种肥时，除小麦与种子掺混同播外，其他情况均不能与种子接触。与小麦掺播，实际是以牺牲部分种子为代价、换得（出苗）壮苗的效果。据试验，小麦套玉米情况下，亩用磷酸二铵 10 千克做种肥，小麦出苗率从（不用种肥）94% 下降到 70%；磷酸二铵减少到 5 千克，则出苗率提高到 84%。

(2) 磷酸一铵。分子式为 $NH_4H_2PO_4$，养分总量在 57% ~ 66%。其中，含氮量 9% ~ 13%、含磷量 48% ~ 53%。白色四面体结晶。水溶液呈微酸性，pH 值 4.0 ~ 4.4。性质稳定，氨不易挥发。溶解常随温度的增高而加大，在 10℃ 时，每 100 毫升水中可溶解 29 克，而当水温达 100℃ 时，可溶解 173 克。磷酸一铵是以磷为主的氮磷复合肥，其中氮为铵态氮、85% 以上的磷为负一价水溶磷，其性质优于磷酸二铵，只是其中的氮素含量要少一半。从磷的形态（负一价）和酸性看，在石灰性土壤上施用，效果好于磷酸二铵，这在宁夏和河南等地均有试验证实。磷酸一铵的施用方法、用量和注意事项与磷酸二铵一样。

（3）硝酸磷肥。硝酸磷肥是用硝酸分解磷矿粉，经氨化而制成的氮磷二元复合肥料，其优点是既节省硝酸，又能提供氮素养分。硝酸磷肥的养分含量因制造方法有较大差异，其中，冷冻法制造的硝酸磷肥含氮磷养分比为 20∶20；碳化法硝酸磷肥含 N 18%~19%，P_2O_5 12%~13%；而混酸法硝酸磷肥含 N 12%~14%，P_2O_5 12%~14%。施用的硝酸磷肥，含 N 26%，P_2O_5 13%，是以氮为主的氮磷复合肥。硝酸磷肥中既含硝态氮，又含铵态氮。硝酸磷肥作用快，使用方便。从性质看。因含硝态氮不适宜稻田施用；因不完全是水溶性磷，磷的效果可能不如普钙或重钙。故硝酸磷肥适宜在旱作物上施用，可做基肥、种肥和追肥。施用量一般因土壤肥力水平和产量高低而定。土壤肥沃、产量高的地块一般每亩基施 30~40 千克，低产田可适当减少用量，亩基施 10~20 千克。做种肥时每亩施用 5~7 千克为宜，注意不能与种子接触，以免烧苗。

2. 施用的氮钾二元复合肥

主要有硝酸钾，分子式为 KNO_3，总有效养分含量为 57%~61%，其中，含 N 12%~15%、K_2O 45%~46%，为斜方或菱形白色结晶。吸湿性小，不易结块。硝酸钾是制造火药的原料，在贮运过程中避免与易燃有机物如木炭等接触，防高温、防燃烧、防爆炸。硝酸钾适用于喜钾作物，如烟草、薯类、甜菜、西甜瓜等。因含硝态氮，可做旱地追肥，不宜在稻田施用。一般每亩用量 10~15 千克。硝酸钾是对氯敏感作物的理想钾源，也是配制专用肥的理想原料。用硝酸钾配制的专用肥其吸湿性明显比用氯化钾低。

施用的磷钾二元复合肥主要有磷酸二氢钾分子式为 KH_2PO_4，是一种高浓度的磷钾复合肥，总有效养分 87%，其中，含磷 52%，含钾 35%。纯净的磷酸二氢钾为灰白色粉末状。易溶于水，吸湿性小，水溶液呈酸性，pH 值 3.0~4.0。磷酸二氢钾可做基肥、种肥、追肥。但由于价格高，一般只用于浸种或喷施。浸种用 0.2% 水溶液浸 24 小时左右，阴干播种；喷施用 0.1%~0.2% 水溶液，每亩喷施 50~75 克。

五、固氮菌肥的施用

固氮菌肥料是含有大量好气性自生固氮的微生物肥料。自生固氮菌不与高等植物共生,没有寄主选择而是独立生存于土壤中,利用土壤中的有机质或根系分泌的有机物作碳源来固定空气中的氮素或直接利用土壤中的无机氮化合物。固氮菌在土壤中分布很广,其分布主要受土壤中的有机质含量、酸碱度、土壤湿度、土壤熟化程度及速效磷、钾、钙含量的影响。

固氮菌对土壤酸碱度反应敏感,其最适宜 pH 值为 7.4~7.6,酸性土壤上施用固氮菌肥时,应配合施用石灰以提高固氮效率。过酸、过碱的肥料或有杀菌作用的农药,都不宜与固氮菌肥混施以免发生强烈的抑制。

固氮菌对土壤湿度要求较高,当土壤湿度为田间最大持水量的 25%~40%时才开始生长,60%~70%时生长最好,因此,施用固氮菌肥时要注意土壤水分条件。

固氮菌是中温性细菌,最适宜的生长温度为 25~30℃,低于 10℃或高于 40℃时,生长就会受到抑制。因此,固氮菌肥要保存于阴凉处,并要保持一定的湿度,严防暴晒。

固氮菌只有在碳水化合物丰富而又缺少化合态氮的环境中,才能充分发挥固氮作用。土壤中碳氮比低于 (40~70):1 时,固氮作用迅速停止。

土壤中适宜的碳氮比是固氮菌发展成优势菌种、固定氮素最重要的条件。因此,固氮菌最好施在富含有机质的土壤中,或与有机肥料配合施用。

土壤中施用大量氮肥后,应隔 10 天左右再施固氮菌肥,否则会降低固氮能力。固氮菌剂与磷、钾及微量元素肥料配合施用,则能促进固氮菌的活性,特别是在贫瘠的土壤上。

固氮菌肥适用于各种作物,特别是对禾本科作物和蔬菜中的叶菜类效果明显。固氮菌肥一般用作拌种,随拌随播,随即覆土,以避免阳光直射,也可蘸秧根或作基肥施在蔬菜苗床上,或追施于作物根部,或结合灌溉追施。

六、磷细菌肥料的施用

磷细菌肥料是能强烈分解有机或无机磷的微生物制品，其中，含有能转化土壤中难溶性磷酸盐的磷细菌。磷细菌有两种：一种是有机磷细菌，在相应酶的参与下，能使土壤中的有机磷水解转变为作物可利用的形态；另一种是无机磷细菌，它能利用生命活动产生的二氧化碳及各种有机酸，将土壤中一些难溶的矿质态磷酸盐溶解成为作物可以利用的速效磷。磷细菌在生命活动中除具有解磷的作用外，还有促进固氮菌和硝化细菌的活动，分泌异生长素、类赤霉素、维生素等刺激物质，刺激种子发芽和作物生长的作用。

磷细菌肥料适用于各种作物，要求及早集中施用。一般做种肥，也可作基肥和追肥。做种肥时要随拌随播，播后覆土。移栽作物时则宜采用蘸秧根的办法。作基肥时可与有机肥拌匀后条施或穴施或是在堆肥时接入解磷微生物，充分发挥其分解作用，然后将堆肥翻入土壤，这样施用的效果比单施好。磷细菌肥料不能直接与碱性、酸性或生理酸性肥料及农药混施。且在保存或使用过程中避免日晒，以保证活菌数量。磷细菌属好气性细菌，在通气良好、水分适当、温度 25~35℃、pH 值为 6.0~8.0 时生长最好，有利于提高磷的有效性。

七、钾细菌肥料的施用

钾细菌肥料又称生物钾肥、硅酸盐菌剂，是由人工选育的高效硅酸盐细菌经过工业发酵而成的一种生物肥料。该菌剂除了能强烈分解土壤中硅酸盐类的钾外，还能分解土壤中难溶性的磷。不仅可以改善作物的营养条件，还能提高作物对养分的利用能力。试验证明，施用钾细菌，对作物具有增产作用。

钾细菌肥料可用作基肥、追肥、拌种或蘸秧根。但在施用时应注意以下几个方面的问题。

（1）做基肥时，钾细菌肥料最好与有机肥配合施用。因为硅酸盐细菌的生长繁殖同样需要养分，有机质贫乏时不利于其生命的进行。

(2) 紫外线对菌剂有破坏作用。因此，在储藏、运输、使用时避免阳光直射，拌种时应在避光处进行，待稍晾干后（不能晒），立即播种、覆土。

(3) 钾细菌肥料可与杀虫、杀真菌病害的农药同时配合施用（先拌农药，阴干后拌菌剂），但不能与杀细菌农药接触，苗期细菌性病害严重的作物（如棉花），菌剂最好采用底施，以免耽误菌剂拌种。

(4) 钾肥细菌适宜生长的 pH 值为 5.0~8.0，因此，钾细菌肥料一般不能与过酸或过碱的物质混用。

(5) 在速效钾严重缺乏的土壤上，单靠钾细菌肥料往往不能满足需要，特别是在早春或入冬前低温情况下（钾细菌的适宜生长温度为 25~30℃），其活力会受到抑制而影响其前期供钾。因此，应考虑配施适量化学钾肥，使二者效能互补。但钾细菌肥料与化学钾肥之间存在着明显的拮抗作用，二者不宜直接混用。

(6) 由于钾细菌肥料施入土壤后释放速效钾需要一个过程，为保证有充足时间提高解钾、解磷效果，必须注意早施。

八、抗生菌肥料的施用

抗生菌肥料是指用能分泌抗菌素和刺激素的微生物制成的肥料。其菌种通常是放线菌，我国应用多年的"5406"即属此类。其中的抗菌素能抑制某些病菌的繁殖，对作物生长有独特的防病保苗作用；而刺激素则能促进作物生根、发芽和早熟。"5406"抗生菌还能转化土壤中作物不能吸收利用的氮、磷养分，提高作物对养分的吸收能力。

"5406"抗生菌肥可用作拌种、浸种、蘸根、浸根、穴施、追施等。施用中要注意的几个问题。

(1) 掌握集中施、浅施的原则。

(2) "5406"抗生菌是好气性放线菌，良好的通气条件有利于其大量繁殖，因此，使用该肥时，土壤中的水分既不能缺少，又不可过多，控制水分是发挥"5406"抗生菌肥效的重要条件。

(3) 抗生菌适宜的土壤 pH 值为 6.5~8.5，酸性土壤施用时应配合施用钙镁磷肥或石灰，以调节土壤酸度。

第二章　农作物精准施肥技术

第一节　粮油作物精准施肥

一、玉米

作物秸秆还田地块要增加氮肥用量10%~15%，以协调碳氮比，促进秸秆腐解。要大力推广玉米施锌技术，每千克种子拌硫酸锌4~6克，或每亩底施硫酸锌1.5~2千克。同时，要采用科学的施肥方法。一是大力提倡化肥深施，坚决杜绝肥料撒施。基肥、追肥施肥深度要分别达到15~20厘米、5~10厘米。二是施足底肥，合理追肥。一般有机肥、磷肥、钾肥及中微量元素肥料均做底肥，氮肥则分期施用。玉米田施氮肥时，60%~70%做底施、30%~40%追施。

二、水稻

水稻的几种施肥方法：一是"前促"施肥法。其特点是在水稻生长前期施入所有肥料，多采用早施攻蘖肥、重施基肥的分配方式，通常基肥占总施肥量的70%~80%，剩余肥料在移栽返青后就全部施用。二是前促、中控、后补施肥法。注重稻田的早期施肥，强调中期限氮和后期氮素补给，通常基肥、分蘖肥占总肥量的80%~90%，穗肥、粒肥占10%~20%，适合分蘖穗比重大、生育期较长的杂交稻。三是前稳、中促、后保施肥法。减少前期施氮量，中期重施穗肥，后期适当施用粒肥，通常基肥、分蘖肥占总量的50%~60%，穗肥、粒肥占40%~50%。另外还有一次性全层施肥法等，近来有了较快的发展。

高产水稻还要增施磷钾肥和有机肥，提倡氮肥深施。增施有机肥不仅能为土壤提供较多的腐殖质，使土壤肥力得到提升，还能通过无机肥料和有机肥料的配合，对营养元素的循环和平衡起很重要的作用，是调节水稻营养的重要措施。为了促进根的生长，提高水稻的抗逆性，可以增施磷肥。为了增高水稻体内纤维素和木质素的含量，使其茎秆坚韧，提高抗倒能力。提高叶片的光合效率，可增施钾肥。

为了将铵态氮肥施在土壤的还原层，必须深施氮肥，因为还原层缺氧，铵态氮无法转化成硝态氮而随水流失，能使氮素很好地保存于土壤中，达到提高氮肥利用效率、延长肥效的目的。为了达到深施的效果，可以先施肥后翻耕，也可以采取"以水带氮"的方式进行深施，即在施氮肥后马上灌水，通常沿丰产沟缓慢地流入稻田，使施入的氮肥随水深入耕作层，实现深施。

三、小麦

（一）冬小麦减施增效技术

1. 施肥量与比例

在确定冬小麦的施肥量时，一定要切实考虑品种与产量水平、肥料特性、土壤肥力、田间管理技术、轮作制度等多方面因素的影响，并依据小麦的长势和吸肥规律进行灵活的调控。不同产量水平的地块，冬小麦全生育期化肥和有机肥的单位施用量大致为：高产田一般每公顷施 900~1 350 千克标准氮肥、750 千克标准磷肥、150~225 千克钾肥、15~30 千克锌肥以及超过 60 吨的有机肥；中产田每公顷施 750~1 050 千克标准氮肥、750 千克标准磷肥、75~450 千克钾肥以及超过 45 吨的有机肥；低产田每公顷施 600~750 千克标准氮肥、750 千克标准磷肥以及超过 37.5 吨的有机肥。

2. 基肥

"以有机肥为主、化肥为辅"是施用基肥的原则。在增施有机肥的基础上，应配合施用氮、磷、钾化肥。缺乏微量元素的小麦产区和地块应适量增施微量元素。施用肥料通常是将全部磷肥、钾肥、有机肥以及微肥作为基施。可将高产田的 40%~50%、中产田的 60%~70%，低产田的 100%的氮肥用作基施，剩下的氮肥用作追肥。基肥施用中可将有机肥、氮肥、70%的磷肥、钾肥、微肥于耕地前均匀地撒于地表面，然后立即深翻，30%的磷肥于耕后撒施耙平。一般中等肥力地块，每公顷施用过磷酸钙450~750千克或磷酸二铵450~900千克、尿素120~225千克、硫酸锌15千克、氯化钾75~150千克。

3. 种肥

在小麦播种时，用适量的速效化肥作种肥，能促进冬小麦生根发苗，有效分蘖多，有利于壮苗的培育，特别是在基肥不足的地块、贫瘠土壤或晚播麦田，会取得更为显著的增产效果。施用种肥应注意化肥的种类和用量。一般每公顷施用磷酸二铵22.5~37.5千克，尿素45~60千克或硫酸铵60~75千克。若用碳酸氢铵作为种肥，最好将种子与化肥分开。在缺磷的土壤或基肥没有施用磷肥的地块，把磷肥作为种肥的增产效果很明显。每公顷施用过磷酸钙75~150千克。

4. 追肥

小麦追肥分为苗期追肥、越冬期追肥、返青期追肥、拔节期追肥、孕穗期追肥和根外追肥。

（1）苗肥。就是苗期追肥的简称，在出苗至分蘖初期施用，增加冬前分蘖，巩固早期分蘖，对全苗壮苗有好处，尤其是对晚播和基本苗不全的麦田、丘陵旱薄地或速效养分含量低的湿田等低产田，有更加显著的苗肥效果。而对基肥或种肥充足的麦田，也可不施苗肥。苗肥用量通常是总施肥量的20%，每公顷追施硫酸铵60~90千克或尿素30~45千克。

（2）腊肥。越冬期追肥也称"腊肥"，对于适期播种、基肥施用充足的中高产麦田，冬前通常不用追肥。播种偏晚或基肥施用不足、分蘖少、个体长势弱的三类苗麦田，需要将冬前地温高、分蘖生长占优势的有利时机抓住，重施腊肥，以壮蘖、促根，弥补基肥的不足。在分蘖期追施迟效性有机肥料或速效性化肥，随即浇水，以促进弱苗转壮。如果麦田的基肥施用不足，应把基肥量与已施基肥量的差值作为追肥数量。应根据苗情掌握弱苗的追肥量。一般在小雪前后每公顷施用人粪尿肥液或45~75千克尿素。进入越冬期以后的小麦，把羊粪、马粪等暖性肥料撒在麦田里，可以取得很理想的保温增肥效果。

（3）返青肥。返青期追肥也称返青肥，对于土壤肥力较低或基肥不足或播期较迟且长势较弱、分蘖较少的麦田，应早追或重追返青肥，并一定要和返青水结合进行，这样才能取得更佳的肥效。可巩固冬前分蘖，增加年后有效分蘖数，这样，可以取得增穗、平衡营养供应的效果。返青肥以速效化肥为主，一般可每公顷施过磷酸钙 135~150 千克、碳酸氢铵 225~300 千克或尿素 75~150 千克。为了防止养分损失，要开沟深施。对基肥充足或土壤肥力高而长势旺盛的麦田，也可以不施用返青肥，以防封垄过早，造成倒伏和郁闭。

（4）拔节肥。拔节期追肥也称为拔节肥，一般在冬小麦分蘖高峰后施用，主要是为了促进小花分化、性器官的形成，提高成穗率。争取实现穗大粒多高产。拔节肥的施用量，要综合考虑前期施肥基础、苗情、地力等情况，并采取相应的肥水管理措施。对于生长健壮的麦田，可少施氮肥，配施适量磷钾肥，一般结合浇水，每公顷施氯化钾 45~75 千克、过磷酸钙 45~75 千克、尿素 45~75 千克。对于有缺素症、分蘖很少、长势极弱的麦田，应多施速效性氮肥，每公顷施用 150~225 千克尿素。

（5）孕穗肥。孕穗期施用的肥料也称为孕穗肥，孕穗肥以施用少量氮肥为宜，每公顷施 45~75 千克尿素，以延长旗叶功能期，确保穗大粒重质优。

（6）根外追肥。小麦抽穗以后，根系逐渐老化，吸收肥水的能力降低，可采用根外追肥（叶面喷肥）的办法，平衡供应各种养分，能取得明显的增产效果。抽穗至乳熟期，若麦田叶色发黄，有可能脱肥，可喷施 1.0%~1.5%尿素溶液；若麦田叶色浓绿，有可能贪青晚熟，可喷施 0.2%~0.3%磷酸二氢钾溶液。一般喷肥 2~3 次，其间隔为 1 周左右。在生产实践中，小麦后期叶面喷肥还可与防治锈病、麦蚜等的药物混合施用。有些优质小麦产区，喷施黄腐酸、核苷酸、氨基酸等生长调节剂和微量元素，会取得一定的增产增质的效果。

（二）春小麦减施增效技术

和冬小麦的播种期不同，春小麦的需肥规律和生长习性与冬小麦有很大差异，其施肥技术也有所不同。

基肥：由于春小麦播种时是在早春，土壤刚化冻 5~7 厘米，地温很低，所以应特别重施基肥。结合春翻地和秋翻地施 2 次肥，效果更好。每公顷施过磷酸钙 450~600 千克、尿素 150~300 千克、优质有机肥料 30~60 吨。

种肥：种肥施用量要少，肥料质量要好。通常每公顷施磷酸二铵 150~300 千克、过磷酸钙 225~375 千克或硫酸铵 75~105 千克。如果已经施足了基肥，可施少量种肥，每公顷施 75~120 千克磷酸二铵。

追肥：大多春小麦品种在 3 叶期就开始伸长生长锥并进行穗轴分化，4 叶期就开始进行幼穗分化，发育早，生长快，需要较多的养分。

四、大豆

（一）大豆的营养特性

1. 大豆对主要营养元素的需求

大豆对主要营养元素的需求依其类型、品种以及所处地区土壤、气候条件的不同而有差异。大豆对氮磷钾三要素的需求比例为 N：P：K 为 1：（0.17~0.23）：（0.39~0.41）。由此可见，大豆需氮很多。但其可通过根瘤固氮，一般可从大气中获取 5~7.5 千克/亩，为大豆需氮量的 40%~60%。

此外，大豆根系吸收磷、钾的能力较强，一般并非特别缺磷、缺钾的土壤种植大豆都能满足其需要。不过，欲达到高产、稳产则必须注意增施肥料。

2. 大豆生育期内对氮磷钾的吸收、积累和分配

大豆的生长发育分为苗期、分枝期、开花期、结荚期至鼓粒期、成熟期。大豆一生分为三个生育阶段，即营养生长阶段（始花前）、营养生长和生殖生长同时进行阶段（始花至终花）、生殖生长阶段。

大豆在分枝期、开花期为吸收氮素的两个高峰期，鼓粒期后渐

缓。大豆对磷的吸收，只是到结荚至鼓粒期才大幅度增长。大豆对钾的需要集中在前期，分枝期吸钾较多，随后递减。

(1) 大豆的氮素营养。大豆含氮量高，籽粒中含氮量一般为6.23%~6.59%，高者可达7.1%，茎秆含氮1.93%比禾本科作物茎秆高1.3~3倍。大豆所需的氮素有三种来源：一是来自土壤，二是取自肥料，三是根瘤固氮。因此，大豆氮素营养较其他作物复杂。

大豆的共生固氮作用是在根瘤中类菌体内进行的。根瘤固氮需要以下条件。

①需要由大豆植株提供糖类及其代谢产物作为氨的受体。

②需要大豆植株的光合产物及能量。每固定1克氮，需要氧化15~20克糖类，每产生1摩尔的氨需15摩尔的ATP。

③需要大豆植株提供充足的磷和钾素。

④需要大豆植株提供给根瘤中固氮酶所需的钼和铁等营养元素。

⑤需要适宜的土壤环境条件。最适土温为20~24℃，土壤最适宜pH值为5.7~7.1。

大豆与根瘤菌结成微妙的共生相互关系，它们的代谢过程也紧密相连。大豆的施肥措施，有许多是为了调节其植株代谢过程，促进根瘤菌的固氮作用，从而进一步改善大豆氮素营养条件。

(2) 大豆的磷素营养。大豆吸收磷量虽没有氮多，但比禾本科作物玉米、小麦要高1.3~1.7倍。在籽粒中含磷量占干物重的0.4%~0.5%。

磷在大豆植株的分布，叶多于茎，最低的是根；上部叶片多于下部叶片。

在大豆整个生育过程中，生育前期，磷的积累达全生育期的20%。磷大部分用于茎叶的形成，部分用于根和花芽的形成。

开花期间，吸收磷的能力比前期强10倍，积累的磷占全生育期的25%。吸收的磷优先分配给叶，其次是根，最后是茎。这一时期是大豆磷营养最大效率期，既能促进营养器官生长，又能影响繁殖器官的发育，同时还满足根瘤固氮活性最高时期对磷的需要。

大豆进入结荚鼓粒时，营养器官中磷由于向籽粒转移而下降，花荚中的磷却不断上升。此时，磷营养水平将影响花荚脱粒，如磷素不足，则降低糖的含量及运转速率，花荚脱落率增加。

（3）大豆钾素营养。大豆吸钾能力较强，对钾的吸收主要是在幼苗至开花结荚，而在结荚期速度最快，并出现吸钾高峰，以后逐渐降低。到鼓粒期时营养器官的钾向豆粒转移，在豆粒中，40%的钾是由茎叶转移来的。到成熟期大豆的叶片脱落，随之营养器官中剩余的钾也归还给土壤。

大豆体内钾在生育前期集中分布在幼嫩组织中，以生长点和叶片最高，开花期后，钾多集中在荚中。

（4）大豆微量元素营养大豆。在微量元素营养方面，以钼的研究较多，其次是锰、锌。

①钼是大豆植株中硝酸还原酶和根瘤中固氮酶的组成成分。在植株体内，钼大部分存在于根瘤和叶片中。大豆植株每生产100千克籽粒需吸收钼154毫克。在大豆盛花期，叶片正常含钼量为5毫克/千克。当叶中含钼量低于2毫克/千克时，施钼肥有增产效果。大豆籽粒中，含钼量在1.2毫克/千克以下，土壤中含钼为0.15~0.2毫克/千克（含钼临界值）时，施钼肥增产效果显著。

②大豆对锰的反应比较敏感。当植株中的含锰少于10毫克/千克时，就会缺锰。100千克籽粒大豆约吸收8.3克锰。锰在大豆植株中大部分分布在幼嫩器官及生理机能比较旺盛的器官中。

③大豆对锌也很敏感，大豆从土壤中吸收锌量较其他作物多。吸收的锌多分布在根，其次为茎及茎尖，这可能与生长素合成有关。

（二）大豆施肥技术

大豆对土壤条件的选择并不十分严格，但高产大豆要求土层深厚、土壤有机含量高、土壤结构好、保水保肥力强，土壤pH值在6.8~7.5。大豆高产稳产的土壤条件，亦需要长期增施有机肥，并配合化肥的施用以逐步养成。

1. 基肥（底肥）

施用有机肥作底肥是大豆增产的关键措施。大豆的吸肥规律表明，大豆中后期的无机营养和碳素营养的充足供应，对大豆增产作用大。有机肥在北方7—8月雨水勤、气温高的条件下，有机质大量分解，能供给较多的磷、钾和微量元素以满足大豆营养需要。

有机肥作为大豆基肥，还可起到培肥改土作用，提高土壤肥力，为固氮菌创造良好条件，增加固氮能力，满足大豆氮素营养要求。有机肥做大豆基肥，可在翻地前撒施，结合翻地翻入土层，与耕层土壤混合。也可用圆盘耙耙入10厘米土层中与土壤充分混合。北方地区还常采用做垄时，将有机肥条施在垄沟里而后扣垄，使少量有机肥集中施用。在轮作地上可在大豆作物前茬粮食作物上施用有机肥，而大豆利用其后效。

化学肥料作基肥时，氮肥的施用往往决定于土壤肥力水平，在低肥力土壤上种植大豆，有必要施用氮肥作基肥，一次施用，既不烧苗，又利于机械化作业。磷肥施用与土壤含磷量有密切关系，在土壤有效磷含量低时，一次做基肥施用，有利于大豆根系对磷的吸收，或者将一份磷肥与10~20份有机肥混合作基肥施用，也是大豆增产的有效措施。

钾肥的施用：北方大豆产区的土壤供钾能力较强，目前施用钾肥的不多。但从大豆丰产要求看，也应重视钾肥的施用。在我国南方缺钾地区，大豆施用钾肥的增产效果较显著。

2. 种肥

大豆施用种肥是东北地区提高大豆单产的一项有效措施。由于春季气温低，土温也低，大豆苗期根系吸肥能力差，施用种肥能及时满足苗期对养分的需要。常用的种肥有：质量好的有机肥每亩施用250~500千克和过磷酸钙10千克，也可施用磷酸铵5千克。在未施有机肥作底肥的情况下，可在施过磷酸钙基础上配施2~2.5千克的硝酸铵肥料。种肥施于种子下部或侧面，肥料与种子之间保持5~8厘米距离，肥料勿与种子直接接触。

近年来，在缺锌、缺硼和缺锰的土壤上，大豆施用锌肥、硼肥和锰肥都有一定的增产效果。一般每亩施0.5~1千克硫酸锌，1~2千克硫酸锰。硼砂用来拌种，1千克种子拌硼砂2克。

大豆种植地区常采用钼酸铵拌种，就是在播前配制好1%~2%钼酸铵溶液。将大豆种子平铺在干燥、硬实的地面上，用喷雾器将溶液喷在种子上,边喷边拌,使肥液全面附着在种子上,而后将种子晾干,即可播种。注意用液量不宜过多,拌后种子一定要晾干。如要拌农药,切忌在种子晾干后再拌。若用根瘤菌剂拌种,则有利于根部结瘤。对于初次种植大豆的地块,更应重视增施根瘤菌剂。

3. 追肥

大豆是否要追肥,决定于土壤肥力与前期施肥情况,如果前期未施肥而土壤肥力又低的情况,可以在初花期酌情施少量氮肥,最好选用尿素肥料,如果大豆植株也表现磷不足时,可改用施磷酸铵肥料,施肥位置应距离植株10厘米。也可在花期进行叶面喷施氮肥,也有增产作用。

五、花生

花生在生育过程中所需要的营养元素,主要有氮、磷、钾大量元素,钙、镁、硫中量元素和铁、硼、钼、锌、铜、锰等微量元素。这些元素除部分氮素是根瘤菌供应外,其余的都必须从土壤中吸收。

(一)花生对主要营养元素的吸收量

花生对主要营养元素的吸收量,据山东省花生研究所测定,早、中、晚熟花生亩产荚果264.7~329.7千克的植株群体,吸收氮素13.4~16.6千克,磷素2.5~3.3千克,钾素5.1~9.6千克,折合亩产每百千克荚果吸收氮5.0~5.5千克,磷0.9~1.0千克,钾1.9~3.3千克,其三要素比例为(5~5.6):1:(2.1~3.3)。花生对钙的吸收量,在亩产荚果231.8~382.7千克范围内,需要钙素3.6~8.6千克,仅次于钾的吸收量。从花生吸收氮、磷、钾营养元素量的趋势来看,仍然是$N>K_2O>P_2O_5$。

(二)花生各生育期对养分的吸收动态

花生的吸肥能力较强,除根系吸收土壤养分之外,其他器官如叶子、果针及幼果也能直接吸收养分。花生在不同生育期,吸收营养元素有其各自的变化动态。

花生出苗前主要由种子供给所需要的营养物质,幼苗期由根系吸收营养物质来满足其需要,氮、钾素的运转中心在叶部,磷素的运转中心在茎部。这个时期植株体内三要素的累积量和绝对量为氮素早熟种为 7.1%，晚熟种为 4.7%；磷素早熟种为 8.2%，晚熟种为 6.3%；钾素早熟种为 12.3%，晚熟种为 7.4%。

开花下针期，花生植株迅速生长，株丛增大，一边进行营养生长，一边进行生殖生长。这时氮素的运转中心仍在叶部，而钾素的运转中心从叶部转入茎部，磷素营养运转中心则由茎部转入果针和幼果。这个时期三要素的累积量和绝对量，氮素早熟种为 65.5%和 58.4%，晚熟种为 38.2%和 33.5%；磷素早熟种为 66.2%和 58.0%，晚熟种为 27.1%和 20.8%，钾素早熟种为 87.0%和 74.7%，晚熟种为 57.2%和 49.80%。

结荚期是花生营养生长的高峰时期，也是生长中心和营养中心转向生殖体的时期。这个时期，花生吸收氮、磷的运转中心是幼果和荚果，钾素的运转中心仍在茎部。这时三要素的积累量和绝对量，氮素早熟品种为 89.3%和 23.7%，晚熟种为 92.0%和 53.8%；磷素早熟种为 81.7%和 15.5%，晚熟种为 91.8%和 64.7%；钾素早熟种为 99.4%和 12.4%，晚熟种为 94.1%和 36.9%。

饱果成熟期，根、茎、叶基本停止生长，营养体的养分逐步转运到荚果中去，促进荚果成实饱满。氮、磷的运转中心仍在荚果中，钾素的运转中心仍在茎部，三要素绝对吸收量氮素早熟种为 10.8%，晚熟种为 8.0%；磷素早熟种为 18.3%，晚熟种为 8.2%；钾素早熟种为 0.6%，晚熟种为 5.9%。

早熟花生种对氮、磷、钾素的吸收高峰均在开花下针期，晚熟种对氮、磷的吸收高峰在结荚期而对钾素的吸收高峰在开花下针期。

花生对钙素的累积吸收量，从全株、营养体和生殖体，均随生育期进展而累加，全株吸收高峰在结荚期，其绝对吸收量占全生育期总量的 40.3%，营养体吸收高峰在开花下针期，绝对吸收量占全生育期总量的 33.9%，生殖体的吸收高峰在结荚期，其绝对吸收量占全生育期总量的 7.3%。

(三) 花生施肥技术

1. 花生基肥和种肥的施用

花生基肥用量一般应占施肥总量的 80%~90%，采用腐熟的有机肥为主，配合氮、磷、钾等化学肥料，每亩有机肥用量在 2 000 千克以上，可采取集中与分散相结合的方法施用，如每亩有机肥用量在 2 000 千克以下者可结合播种起垄或开沟，集中条施，以利发苗。一般每亩用纯氮量 1~2 千克的氮素化肥，结合播种，集中作种肥，效果较好。磷肥最好作种肥，集中沟施。每亩施用过磷酸钙 10~15 千克，或钙镁磷肥 15~20 千克。钾素化肥可用硫酸钾、氯化钾或草木灰，均应结合播前耕地时撒施，耕翻入耕层内，每亩用氧化钾 5~7.5 千克。微量元素肥料可用 0.2%~0.3% 钼酸铵或 0.1% 硼酸水溶液浸种，能起到调节花生营养元素的平衡作用。为了调节土壤的酸碱度，促进土壤有益微生物的活动和补充钙素营养，提高花生品质，结合耕地或播种，在酸性土壤，每亩施 25~50 千克熟石灰粉，微碱性土壤亩施 5~7.5 千克生石膏粉。

2. 花生追肥

花生追肥应根据地力、基肥施用量和花生生长状况而定。肥料不足，可将基肥与苗期追肥相结合，有利于提高根瘤供氮率。花生不同时期追施氮肥的效果，一般以苗期比其他时期增产明显，苗期追氮和基肥施氮的，在花期及结荚期前干物质积累量比花期、花期追氮处理的，每亩分别增 9.62~34.1 千克和 21.06~39.5 千克。可见，采用前重后轻施氮的效果最好。苗肥一般每亩用硫酸铵或碳酸氢铵 5.0~7.5 千克，过磷酸钙 10~15 千克，与优质圈肥 250 千克混合后施用，钾肥一般每亩追施草木灰 50~75 千克。

花针期追施氮肥必需根据具体情况，因为这个时期根瘤菌已开始源源不断地供给氮素营养，如果苗期已施足苗肥，一般就不需要追施氮肥，如果基肥不足而又未施足苗肥的，则应根据花生长势追施花肥，其用量和施用方法与苗肥相类似。花针期，根据花生果针、幼果有直接吸收磷、钙营养的特点，此时期在酸性土上可按每亩 15~25 千克熟石灰，在碱性土壤上可按每亩 5~7.5 千克生石膏粉混合 100~150 千克细圈肥，均匀地撒于花生垄上。

花生叶片吸磷能力较强,而且很快就能运转到荚果内,促进荚果成熟饱满。因此,在生育中后期每亩用2%~3%的过磷酸钙澄清液75~100千克作叶面喷施,每隔7~10天喷1次,可使荚果增产10%~17%。如果花生长势偏弱,还可添加0.15~0.2千克尿素混合喷施,效果更好。

3. 花生根瘤菌剂的施用

花生根瘤菌剂是将花生根瘤内的根瘤菌分离出来,加以选育繁殖,制成产品,即是花生根瘤菌剂或称根瘤菌肥料。

花生根瘤菌剂增产的效果高低与土质、肥料和茬口等有密切关系。一般来说,肥力较低的砾质沙土和粗沙壤土接种效果常高于肥力较高的粉砂壤土,生茬地拌菌剂的增产效果常高于重茬地。根瘤菌最适宜的酸碱度是7左右。

根瘤菌剂的施用方法有以下几种。

(1) 湿菌拌干种 每亩用菌剂25克,先用150~250毫升水和匀,然后倒在花生种子上轻轻搅拌,使每粒种子都粘上菌剂后播种。

(2) 湿种拌干菌 将花生种子先在水中浸泡半天,滤去水后拌入菌剂,使每粒种子都粘上菌剂后播种。

(3) 粘菌种子丸衣 先将花生种子粘菌后,再用1%甘薯面浆糊作为菌剂的黏着剂,进行"滚球",然后播种。

花生根瘤菌剂是一种生物制剂,使用前应妥善放置在阴凉黑暗处保存;施用时不可与硫酸铵、杀菌剂、炉灰等混合拌种,但可分开施用。

第二节 果树精准施肥

一、苹果

(一)苹果树施肥的原则

1. 有机与无机肥料配合施用

增施有机肥料是改良苹果园土壤物理结构和化学性质的基本措

施。有机肥料的肥效缓慢而持久，化学肥料的肥效快而短暂，二者配合施用可互补长短、缓急相济，可在苹果的生长期实现其所需养分的平衡供应。

2. 氮磷钾、中、微量元素等配合施用

苹果树每年根、芽、枝、叶的生长与停长，花芽分化，开花结果，果实膨大与成熟等，都是按比例、有节奏地吸收各种营养元素。各种营养元素对苹果树的生长具有同等重要的作用，不可相互取代。因此，在增施有机肥深翻改土的基础上，还必须重视氮磷钾及中、微量元素等化肥的配合施用，注意多元复合或复混肥料的施用，协调好各种营养元素的比例，以满足苹果树优质高产的需要。目前在苹果生产上仍存在着重氮磷钾、轻镁钙及微量元素的倾向，这造成苹果树营养供应的不平衡，从而易引发缺素症。

3. 养分均衡供应发挥最大肥效

在年周期内，苹果树的根系开始恢复吸收功能，到萌芽、形成短枝、花芽分化，其所需的氮磷钾数量基本上呈不断增长的态势；在果实膨大期所需的氮磷钾数量也较多；而在果实膨大后对三者的需求量明显减少。苹果树的吸收根主要分布在深层土壤，故宜将磷钾肥、部分氮肥及有机肥料混合在一起作为基肥进行深施；部分氮磷钾、中量元素肥料在苹果树急需前另行土施或与微量元素一起进行叶面喷施，减少养分的流失，提高肥料的利用率。

（二）氮磷钾肥的合理用量与配比

1. 氮磷钾肥的合理用量

确定苹果树施肥量最简单的方法是以计划结果产量为基础，根据果树营养诊断的数据、土壤测试、立地条件、树势强弱、树龄、品种特性等进行综合调控。

山东省苹果园的施肥标准为每年生产100千克果实应施0.7千克氮、0.35千克五氧化二磷、0.7千克氧化钾、160千克优质有机肥料。

日本长野县红富士施肥技术要点如下。

（1）根据树龄确定施肥量。一年生幼树每年株施60克氮、24克五氧化二磷、48克氧化钾。五年生初果期苹果树每年株施300克氮、120克五氧化二磷、240克氧化钾。十年至二十年生苹果树每年株施600~1 200克氮、240~480克五氧化二磷、480~960克氧化钾。

（2）根据土壤的质地和肥力水平确定施肥量。对于中等肥力水平的土壤，成龄园一般每年每公顷施150千克氮、49.5千克五氧化二磷、120千克氧化钾。久米靖穗（1986）在秋田县对红富士苹果的施肥试验结果表明，在土壤腐殖质少的第三纪残积土上每公顷年施60千克氮时，果实着色好，但个头稍差；年施120千克氮时，果实大，但着色不良。在腐殖质多的水积土上，降水量少的年份，每公顷年施79.5千克氮，果实的品质也可大致达到所要求的标准；但在降水多的年份，则表现出氮过剩。在土层深厚、含有较多腐殖质的冲积土上，每公顷年施60~79.5千克氮；在腐殖质含量少的残积土上，每公顷年施79.5~100.5千克氮；对于沙质土壤，其有效土层浅，每公顷年施100.5~120千克氮比较合理。

（3）根据树势诊断确定施肥量。不同树势红富士的实际情况确定施肥量，在着色期，红富士对施肥非常敏感，要根据树势诊断进行施肥。对于山地苹果园，每公顷年施60~79.5千克氮，对于平地苹果园，每公顷年施55.5~60千克氮。如果树势强壮、生长旺盛，则必须限制肥料的施用数量，以保持果树养分供应的平衡和树势。如果树势特别强壮，则应禁止施肥。如树势中等，要在维持现有树势的前提下，适量施肥。如树势衰弱，则必须在施肥改土的同时，从疏花疏果及整型修剪等栽培措施入手，以调节并迅速恢复树势。

2. 氮磷钾三要素的配合比例

关于苹果树专用肥氮磷钾的配合比例，因果树的品种和栽培区条件而异。根据全国果树化肥试验网的资料，对于未结果的幼树，每年每株宜施0.10~0.25千克纯氮（N），施用纯氮、纯磷、纯钾的适宜比例（$N:P_2O_5:K_2O$）为1:2:1。对二年生苹果未结果树应施用0.15千克纯氮（约折合0.33千克46%的尿素），配合施用0.3千克的纯磷（折合1.7千克18%的过磷酸钙）和0.15千克的纯钾（折合0.3千克50%的硫酸钾）；生长结果树（从开始结果至大量结果前的树）株施0.3~0.90千克氮，氮、五氧化二磷、氧化钾之比为1∶1∶1。假如对四年生结果初期苹果树施用0.5千克纯氮（折合46%尿素约为1.1千克），应配合施用纯磷0.5千克（折合18%过磷酸钙2.8千克），纯钾0.5千克（折合50%硫酸钾为1.0千克）；盛果期树（大量结果树）氮为1.0~1.5千克，氮、五氧化二磷、氧化钾之比为1∶0.5∶1。如果对十年生盛果期苹果树施用1.0千克纯氮（折合46%尿素约为2.2千克）应配合施0.5千克用纯磷（折合18%过磷酸钙为2.8千克）、1.0千克纯钾（折合50%硫酸钾为2.0千克）。在美国，氮、五氧化二磷、氧化钾=4∶4∶3；在俄罗斯，氮、五氧化二磷、氧化钾之比为1∶1∶1；在日本、朝鲜，氮、五氧化二磷、氧化钾之比为2∶1∶2；我国渤海湾苹果主栽区棕壤上幼龄树氮、五氧化二磷、氧化钾之比为2∶2∶1或1∶2∶1，结果树的比例为2∶1∶2。黄土高原苹果产区钙质土壤含磷不多，磷容易被固定住，因此施用磷肥会有很明显的增产作用，三要素的比例为1∶1∶1。研究还显示，不同苹果品种间的需肥有所不同。如红富士苹果需氮肥较少，氮肥用量和一般品种相较几乎能减少一半，不过其需要的磷肥较多。对短枝型的红星来说，因为其早果性和丰产性与普通型相比要好一些，因此早期需肥量较大，而且对氮、磷的需求比钾更迫切，施肥时要增加氮、磷的比例。

3. 氮磷钾三要素的施用时期

对苹果树进行施肥，通常分为基肥和追肥两种。具体施肥时间因施肥方法、树体生长结果状况及果树而异。在苹果树生长的不同时期，施肥的方法、比例、数量和种类也各不相同。在一个生长季（物候期）内，氮磷钾三要素肥料土施的次数不能太多，通常以3~4次为好。

（1）第一次基肥。最宜秋施，秋施基肥以中晚熟品种采收后、晚熟品种采收前为最好。有机肥料和氮磷钾肥混合均匀后当作基肥施用，能减少氮肥被淋溶和磷钾肥被固定，可被苹果树深层根系持久、稳定地吸收利用，也对苹果树生长前期养分的均衡供应有好处。

（2）第二次追施。促花肥萌芽期至开花前（约4月）进行追肥，能促使新梢生长，提高坐果率。

（3）第三次追施。促果肥花芽分化前（约6月中旬）作为追肥施用，可缓解花芽形成与幼果迅速膨大争肥的矛盾，有利于增加花芽分化的数量和提高花芽的质量。促进幼果的发育，有利于增加产量和提高果实品质。

（4）第四次追施。壮树肥在果实已基本形成和开始着色前（晚中熟品种和晚熟品种在8月中下旬）作为追肥进行施用，可防止叶片早衰，提高叶片的光合效能，促进果实着色，提高果实品质。

（5）施用氮、磷、钾肥的方法。如果每年施用2次氮、磷、钾肥，可将有机肥料与全年施用量的1/3氮肥、2/3磷、钾肥混合均匀作为基肥施入；将2/3氮肥、1/3磷、钾肥于花芽分化前作为追肥施入。如果每年施3次肥，可将有机肥料与1/4氮肥、2/4磷、钾肥混合均匀作为基肥施入；将1/2氮肥、1/4磷、钾肥于花芽分化前作为追肥施入；将1/4氮肥、1/4磷、钾肥于果实已基本膨大或开始着色前作为追肥施入。在追肥时，挖放射状施肥沟，施肥量随树龄的增长由小增大，在距树干15~30厘米处，向外挖4~6条放射状施肥沟。沟长略超过树冠外缘，宽20~40厘米，深10~30厘米。施后最好灌水或在雨后施入。

二、梨树

梨树吸收最多的养分是氮和钾，需硼量也较多，相对而言需磷比较少。每生产100千克果实大概吸收0.47千克氮（N）、0.23千克磷（P_2O_5）、0.48千克钾（K_2O）。在氮、磷、钾这三种要素中，幼树对氮的需求相对较多，然后是钾，对磷的需求较少，大概是氮需求量的1/5。梨树结果后，其吸收氮、钾的比例与幼树差不多，但对磷的吸收量有所增加，大概是氮吸收量的1/3。梨树在新梢生长期和幼果膨大期对磷需求量最大。然后是果实的第二个膨大期，收获果实后需求量相对变少。梨树对磷的吸收较平衡。在结果期对钾需求最多。此外，梨树坐果后对钙较敏感，盛花后到成熟，钙的累积吸收量最大，如果此时梨树缺钙，易患苷蓿青、黑底木栓斑等病。在盛果期，梨树容易缺乏微量元素，要注意适当补充微量元素。

梨树要以施肥为主，与氮、磷、钾肥相配合，多用有机肥。有机肥不但有梨树生长需要的各类营养元素，还能改良土壤结构，使土壤保水能力变强，完善土壤通气情况，降低土壤根系生长的阻力。有利于梨树的生长发育。一般每亩施 3 000~5 000 千克优质厩肥。最好的基肥施用时间为秋季，早熟品种在果实采收后进行，中晚熟的品种可在果实采收前进行。可采用放射状沟施或环状沟施的方式。

在幼树时期，根据树体的大小，每年追施 5~10 千克/亩的纯氮，进入结果期后逐步增加至 15~20 千克/亩，个别需肥较多的品种可增至 25 千克/亩。梨树对钾的需求量与对氮的需求量基本相同，对磷的需求量则减半。追肥的施用时期因树势的不同而不同，一般在萌芽前、花期、果实膨大期进行。萌芽前肥，在萌芽前约 10 天，吸收根开始活动，相继花芽、叶芽、新梢、叶片生长、开花、坐果，需要很多氮素，此期追肥要以氮肥为主，追肥量要适当增加追肥后灌溉。落花后正处于新梢由旺盛生长转慢至停止，花芽分化前的营养准备，也是新旧营养交接的转换期，如果供肥不及时或供肥不足，容易影响花芽分化，引起生理落果。此期应以施三要素肥或多元素复合肥为好。果实膨大肥，7—8 月是梨果迅速膨大期，此期应以钾肥为主，配以氮、磷肥，可增加果品的产量，提高果品的品质，并可促进花芽的分化。

根据树的大小确定追肥方法，对于较小的树体，一般采用环状施肥的方法，施肥的位置以树冠外围 0.5~2.5 厘米为宜，开 20~40 厘米宽、20~30 厘米深的沟，将土壤与肥料适度混合后施入沟内，然后将沟填平。对于成年梨树，最好对全园进行施肥，结合中耕将肥料翻入土中。由于梨树的根系主要集中在土层 20~60 厘米范围内，且根系的生长有明显的趋肥性，对于磷、钾肥和有机肥，最好施入深 20~40 厘米的土壤深层，以增加根系分布的广度和深度，增强梨树对养分的吸收能力，提高其抗旱能力。

另外，还能进行根外追肥。根外追肥又叫叶面喷肥，可用

0.3%的尿素溶液,从春到秋都能喷用,也可在施药时加入尿素。其次是在生理落果后至采收期喷浓度为0.3%~0.5%的磷酸二氢钾2~3次。为增加效果,最好在无风的晴天进行早晚喷肥,不要在中午喷肥,以防高温引起肥害。

如果梨树轻度缺硼,可在盛花期喷施1次浓度为0.3%~0.4%的硼砂水溶液。对于严重缺硼的土壤。可于萌动前每株果树土施硼砂100~250克,有效期可达3~5年,如再于盛花期喷施0.3%~0.4%的硼砂水溶液1次,则会收到更好的效果。

如果梨树缺锌,可在发病后将0.2%的硫酸锌和0.3%~0.5%的尿素混合液及时进行喷施,也可在春季梨树落花后3周喷施,或在发芽前用6%~8%的硫酸锌水溶液喷施,能有一定的预防作用。对土壤施用硫酸锌的效果较差,大量施用有机肥在一定程度上能减少缺锌症的发生。

如果梨树缺铁,则其叶片失绿黄化,在目前常用的解决方法中,效果较好的有:土施,多用"局部富铁法",即将硫酸亚铁与硫酸铵和饼肥(棉籽饼、花生饼、豆饼)、硫酸铵按1:1:4的重量比混合,在果树萌芽前作为基肥集中施入根系较多的土层中,依据果树的大小和叶片黄化的程度,控制每株梨树的施用量在3~10千克。通常对叶面直接喷施硫酸亚铁的效果不佳,用黄腐酸铁与尿素的混合液喷施矫治梨树叶片黄化的效果较好,但其有效期较短;也可使用0.3%硫酸亚铁、0.5%尿素溶液,在果树生长旺季每周喷施1次。如果有条件,也可用强力树干注射剂进行硫酸亚铁的木质部注射,施用量通常仅约为土施的1%,不过该方法只适用于成年果树,注射的剂量范围不宽,如果施用不当,易对梨树的正常生长产生影响。

三、桃树

(一)基肥的施用

根据桃树不同品种的差异,施肥时间最好在果实采摘后尽快施入。如当时不能及时施肥,也可在桃树落叶前1个月左右施入。桃树的基肥以秋施为好。可于桃树落叶前后结合秋翻施入,可在树下开深 40 厘米的条沟或放射沟施入。

在基肥的施用中，最好以有机肥为主。有机肥用量较少的情况下，氮肥用量可根据树龄的大小和桃树的长势，以及土壤的肥沃程度灵活确定。一般基肥中氮肥的施用量占年总施肥量的 40%~60%，每株成年桃树的施肥量折合纯氮为 0.3~0.6 千克（相当于碳酸氢铵 1.7~3.4 千克或尿素 0.6~1.3 千克或硝酸铵 0.9~1.9 千克）。一般磷肥主要作基肥施用，如果同时施入较多的有机肥，每株折合纯五氧化二磷为 0.3~0.5 千克（相当于含磷量 15% 的过磷酸钙 2~3.3 千克或含磷量 40% 的磷酸铵 0.75~1.25 千克）。一般基肥中的钾肥施用量折合纯氧化钾为 0.25~0.5 千克（相当于含氧化钾量 50% 的硫酸钾 0.5~1 千克或含氧化钾量 60% 的氯化钾 0.4~0.8 千克）。注意施肥时要适当与土壤混合，不要靠树体太近，以免造成烧根。土壤含水量较多、土壤质地较黏重、树龄较大、树势较弱的桃树，在施用有机肥较少的情况下，施肥量可取高量；反之则应减少用量。

（二）促花肥的施用

促花肥多在早春后开花前施用，施用的肥料以氮肥为主，约占年施肥量的 10%，多结合开春后的灌水同时进行，每亩的氮肥用量以纯氮计为 2~5 千克（合尿素为 4.3~10.9 千克或碳酸氢铵 11~28.6 千克）。若基肥的施用量较高或冬季施用基肥，则促花肥可不施或少施。

（三）坐果肥的施用

坐果肥多在开花之后至果实核硬化前施用，主要是提高坐果率、改善树体营养、促进果实前期的快速生长。施肥以氮肥为主，配合少量的磷钾肥。用量占年施用量的 10% 左右，每亩的氮肥用量以纯氮计为 2~5 千克（合尿素 4.3~10.9 千克或碳酸氢铵 11~28.6 千克）。

（四）果实膨大肥的施用

果实膨大肥在果实再次进入快速生长期之后施用，中晚熟品种的果实膨大期与花芽分化期基本吻合，此时追肥对促进果实的快速生长，促进花芽分化，为来年生产打好基础具有重要意义。果实膨大肥以氮钾肥为主，根据土壤的供磷情况可适当配施一定量的磷肥。施肥用量占年施用量的20%~30%，每亩的氮肥用量以纯氮计为4~10千克（合尿素8.6~20.8千克或碳酸氢铵22~57.5千克）；钾肥每亩施用量以氧化钾计为6~15千克（合含氧化钾量为50%的硫酸钾12~30千克或含氧化钾量为60%的氯化钾10~25千克）。根据需要可配施含五氧化二磷14%~16%的过磷酸钙10~30千克。

桃树对微量元素肥料的需要量较少，主要靠有机肥和土壤提供，如有机肥施用较多，可不施或少施；有机肥施用较少的可适当施用微量元素肥料。实际的微肥用量以具体的肥料计作基肥施用为：硼砂亩用量0.25~0.5千克，硫酸锌亩用量2~4千克硫酸锰亩用量1~2千克，硫酸亚铁亩用量5~10千克（应配合优质的有机肥一起施用，用量比为有机肥与铁肥5:1），微肥也可进行叶面喷施，喷施的浓度根据叶的老化程度控制在0.1%~0.5%，叶嫩时宜稀，叶较老时可浓一些。

四、樱桃

樱桃的根系较浅，特别是山丘地栽植的草樱桃为砧木的樱桃树，根系在土层中的分布只有20~30厘米，抗旱、抗风能力差。适宜在土层深厚、透气性好、保水力较强的沙壤土和沙质壤土上栽培。适宜的土壤pH值为6.0~7.5。

（一）樱桃的营养

樱桃具有树体生长迅速、发育阶段明显而集中的特点。尤其是结果树，展叶抽枝和开花结果都在生长季的前半期，从开花到果实成熟仅需45天左右，花芽分化又集中在采果后1~2个月的时间里。具有生长迅速、需肥集中的特点。因此，樱桃越冬期间储藏养分的多少、生长结实和花芽分化期间的营养水平高低，对壮树、丰产有着重大影响。

樱桃生长年周期中，有利用储藏营养为主和利用当年制造营养为主两个营养阶段。利用储藏营养为主的生长阶段大约从春季萌芽到春梢生长变缓为止，是樱桃生长发育极为集中的时期。幼树约在6月下旬，盛果树约在果实采收以前，这期间主要有根系的生长、萌芽、开花、坐果、新梢生长、幼果发育，其中，果实的发育和新梢生长之间的营养竞争十分突出。因此，通过秋施基肥增加树体越冬前的储藏营养是樱桃施肥技术的重要内容。

以利用当年制造营养为主的营养阶段大约是从春梢生长变缓到树体落叶休眠为止，此阶段经历花芽分化、果实速长及营养回流储藏等过程。因此，应重视采果后花芽分化期间施肥，特别是花芽分化前1个月适量施用氮肥，能够促进花芽分化和提高花芽发育。

（二）樱桃施肥技术

取土测定土壤养分状况，根据土壤肥力应用减施增效技术确定施肥量和施肥方法，或采用下面推荐施肥量与施肥技术。樱桃的施肥时期、施肥量和施肥方法，因树势、树龄和结果量而不同。烟台樱桃产区，对幼树和初果树一般不追肥，结果树一般施肥3次，即冬春基肥、花果期追肥和采后补肥。

1. 基肥

基肥一般在秋冬季早施为宜，有利于提高树体储藏营养水平，促使花芽发育充实，增强抵抗霜冻的能力。基肥以有机肥料为主，如人粪尿、厩肥、堆沤肥、鸡粪、豆饼等。根据烟台樱桃产区总结多年的施肥经验，幼树和初果期树每棵施用人粪尿30~50千克，或厩肥50~60千克；结果大树每棵施入粪尿60~80千克，或施厩肥60~80千克。人粪尿采用放射状沟施或开大穴施用；猪圈肥结合土壤深耕进行或行间开沟深施，深度50厘米左右。

2. 追肥

（1）花果期追肥。此次追肥在花谢后，目的是提高坐果率和供给果实发育、新梢生长的需要，同时促进果实膨大。结果大树株施复合肥1~2千克，或株施人粪尿30千克，开沟追施，施后灌水。

（2）采后补肥。果实采收后追肥是一次关键性的施肥，是樱桃周年发育的一个重要转折时期。此时补充养分对促进花芽分化、增加营养积累和维持树势健壮具有重要的意义。成龄大树每株施复合肥1~1.5千克，或人粪尿70千克，或腐熟的厩肥100千克；初果期果树每株施磷酸二铵0.5千克左右。

（3）根外追肥。春季萌芽前枝干喷施2%~3%的尿素溶液可弥补树体储藏营养的不足，花期喷 0.3% 的尿素溶液、600 倍磷酸二氢钾和 0.3% 硼砂溶液可明显提高坐果率。

五、葡萄

（一）葡萄的营养特性

葡萄作为分布最广、种植最早的一种果树，在我国，主要分布在黄海、淮海、西北、华北和东北地区，华南地区也有种植。葡萄为喜光的落叶多年生攀缘植物，当光照充足时，叶子就会有较强的同化能力和较高的光合作用率，从而就能保证果实含较高的糖，食性佳、高产。

葡萄不太抗寒，属喜温果树。温度低于 10℃ 时，葡萄基本不生长，其最适生长温度为高于 18℃。萌芽期需温不高，是 10~12℃；花芽分化期对温度有较高的要求，最适温度在 25~30℃，假如温度在 25℃ 以下，则葡萄的正常开花将受影响；成熟期的适宜温度是 28~32℃，如果温度在 15℃ 以下，果实就无法彻底成熟。而葡萄在冬天温度不高的地区越冬的时候，要注意避免发生冻害，尤其是葡萄根系的抗寒性不佳，通常约在 -10℃ 时，有些品种就会受冻，要特别保护。为了使葡萄的耐寒性变强，在生产上常用野生山葡萄或耐寒品种当作砧木完成嫁接工作。

葡萄忌湿喜干，通常在年降水量为 600~800 毫米的地方发展葡萄产业最为合适。不过我国主要生产葡萄的地区，其雨季大多在在夏、秋之间，这时气温较高，大多果实处于浆果成熟期，容易发生裂果或别的病害，导致葡萄的产量和品质下降。降水量不多、有条件灌溉、有深厚土层的地方比较适宜种植葡萄，如我国的黄土高原以及吐鲁番等。

葡萄对土壤有很强的适应性，除非含盐多，在其他土壤中均能生长，就算是在半风化的含有较多沙砾的粗骨土上，葡萄仍可正常生长。即使葡萄有较强适应性，但品种不同，对土壤酸碱度会有不同的适应性。通常欧洲品种在石灰性的土壤上生长较好，根系发达，果实多糖、食性佳；在酸性土中则长势不好。欧美杂交种和美洲种却对酸性土壤比较适应，而不适合在石灰性土上生长。另外，因为山坡地透光通风，常常比平原地区的葡萄产量多、质量好。

葡萄属蔓性果树，生长势强、极性强烈，营养器官迅速生长，根比较发达。繁殖方法不同，葡萄根系的分布也会相应不同。通常用扦插繁殖的植株，只有粗壮的骨干根和分生的侧根及细根，无主根。如果是在有深厚土层的土中，葡萄根系会广泛分布，深度有2~3米，所以其有一定的抗旱性。葡萄根是肉质根，能贮存很多养分。假如土温合适，葡萄地上的部分还没有萌发，其根系就开始吸收营养，枝蔓的新鲜剪口会有流液。通常葡萄的根系1年内在春、夏以及秋季各有1次生根高峰，假如有合适的土温，根系就可不休眠而进行周年生长。

与别的果树一样，葡萄也需要氮、磷、钾、硼、镁、钙等营养元素，但其对养分的需求也有自己的特性。

葡萄的早期分产性能佳，通常情况下，假如有肥沃的土壤，于定植次年就能开花结果，第三年就能进入丰产期。因为葡萄是深根性植物，无主根，主要是数量庞大的侧根能使葡萄较好地进入丰产期，故施肥的关键是使葡萄根系变得发达。调查显示，施肥的关键是在未种植时深翻施肥改土，使中深土层的养分增加。

研究显示，葡萄树每生产100千克果实，就要从土里吸收0.3~0.6千克氮素、0.1~0.3千克五氧化二磷以及0.3~0.7千克氧化钾。

葡萄容易患下列缺素症。

一是缺镁症。叶肉呈块状或线条状失绿，幼叶有助果状隆起，慢慢延伸到叶身中部；顺着主脉朝叶身基部留有一个"人"字形失绿区，其余区域呈现灰绿色或黄色；结味淡、稍有苦味的小实。

二是缺铁症。幼叶变黄，不过叶脉为绿色，能保持很久，有很清楚的脉纹，叶柄基部有紫色或红褐色斑点，还会出现坏死，叶薄而小，叶肉从黄色变为黄白色，后变成乳白色，另外还会有网状细脉出现，随病情加重叶脉失色，变成黄色。叶子上有棕色枯斑，还会出现枯顶现象。

三是缺硼症。枝顶部长簇生小叶，新梢生长点自剪脱落或干枯而死，侧芽发生后很快就会死亡，初期叶脉变黄。

四是缺铜症。叶子经常出现"叶疹症",开始发病时叶色暗绿,随后有斑点状缺绿,直到叶坏死或叶尖死亡,叶缘焦枯,有时叶面上会有与叶缘平行的橙褐色条纹;树皮变糙,有时会有树胶从树体出现的裂口中流出来。

五是缺锌症。有丛生小叶,节间短,叶片大小不到正常叶的1/2,叶缘皱缩向下卷曲或卷曲呈波状,新梢纤细,生长畸形,自枯死亡。

六是缺钾症。叶条纤细,重症者枯萎死亡,叶肉缩皱缺绿,叶缘卷缩,最终枯焦,延缓落叶;结着色很差的小果,有严重的落果现象。

七是缺钙症。幼嫩器官(茎尖、根尖等)易腐烂坏死;幼叶失绿,叶片卷曲,叶边皱缩,由于缺钙,细胞壁过薄,在高渗情况下,尤其是浇完水后,水会顺着叶脉渗到叶肉中间,形成水渍状,会出现叶片生理充水;向阳的果实为黄色,皮孔四周有白色晕环,萼洼至梗洼纵裂,结有发绵的小果实。

(二)不同时期施肥的方法

1. 基肥

葡萄园施肥中最重要的一环是基肥的施用。在秋天施入基肥,从葡萄采收后到土壤封冻前都能施用。不过生产实践显示,秋施基肥越早越好。一般在葡萄采收后立即施入腐熟的有机肥(堆肥、厩肥等),还要将一些速效性化肥加进去,如硫酸钾、尿素、过磷酸钙和硝酸铵等。施用基肥对花芽分化、促进根系吸收及恢复树势有很多好处。

基肥的施用方法有沟施和全园撒施,对于棚架葡萄,要尽量撒施,然后再用犁或铁锹翻埋肥料。撒施肥料往往会使葡萄根系上浮,所以要将撒施改为穴施或沟施。对于篱架葡萄,多使用的方式是沟施。在离植株50厘米的地方开宽40厘米、深50厘米的沟,每株施150克尿素、250克过磷酸钙、25~50千克腐熟有机肥,将沟按照一层肥料一层土的顺序填满。为了减少工作量。施用隔行开沟施肥法也可以,就是指第一年在奇数行挖沟施肥,第二年在偶数行挖沟施肥,轮流沟施,使得全园土壤实现深翻和改良。

施用基肥的量为全年总施肥量的 50%~60%。通常对于丰产稳产的葡萄园，每亩施 5 000 千克土杂肥（折合氮 12.5~15 千克/亩、磷 10~12.5 千克/亩、钾 10~15 千克/亩，氮、磷、钾的比例为 1：0.5：1）。农民将其总结成"一千克果五千克肥"。

2. 追肥

在葡萄的生长季节进行，通常丰产园每年要追 3 次肥。

在早春芽开始膨大时进行首次追肥。此时，花芽正在继续分化，新梢就要旺盛地生长，需要很多氮素，宜将腐熟的人粪尿与尿素或硝酸铵混掺施入，施用量为全年用量的 10%~15%。

第二次追肥在谢花后幼果膨大期进行，这次追肥以氮肥为主，与磷、钾肥结合施入。这次追肥不仅可以加速幼果膨大，还对花芽的分化有好处。此阶段为葡萄的生长旺期，同时也决定了翌年的产量，又叫作"水肥临界期"。一定要管好葡萄园的水肥。该时期追肥以施草木灰、尿素或腐熟的人尿粪等速效肥为主，施肥量为全年总量的 20%~30%。

第三次追肥在果实的着色初期进行，这次追肥以磷、钾肥为主。施肥量约为全年总量的 10%。

可在雨天或结合灌水直接将追肥施到植株根部的土壤中。此外，还能根外追施，就是将无机肥对水溶液喷在植株上，使叶片更好地吸收。根外追肥也可与防治病虫害喷药结合一起喷洒，以便节省劳力。

现代化葡萄施肥依靠的主要是判断分析叶片内的矿物质元素，如果葡萄的叶子中某种元素比适用范围的下限还要低，就要适量补充该种元素。

3. 根外追肥

根外追肥是将液体肥料喷于叶面上，来快速供应葡萄生长需要的养分，现如今，已经十分广泛地应用于葡萄园的管理上。在生长的不同时期，葡萄对营养需求种类也不一样，通常在新梢生长期喷 0.3%~0.4%硝酸铵溶液或 0.2%~0.3%尿素，以促进新梢的生长；在开花前及盛花期喷 0.1%~0.3%硼砂溶液可使坐果率提高，在浆果成熟前喷 1%~3%过磷酸钙溶液、2~3 次 0.5%~1%磷酸二氢钾或 3%草木灰浸出液，能明显提高葡萄的产量和品质。在树体出现缺锌或缺铁症状时，也可以喷施 0.3%硫酸锌或 0.3%硫酸亚铁，不过当使用硫酸盐进行根外追施时，为避免药害，应注意加入等浓度石灰。近来，为了使鲜食葡萄的耐贮藏性提高，于采收前 1 个月内可连续 2 次根外喷施 1.5%醋酸钙溶液或 1%硝酸钙溶液，这样可明显增强葡萄的耐贮运性。

需要注意的是，根外追肥只是一种补充葡萄植株营养的方法，其无法替代基肥。假如想使葡萄生长得健壮，一定要常年做好施肥工作，特别是万万不可忽视基肥的施用。

（三）不同肥料的施用

1. 氮肥的施用

氮是葡萄需求较多的一种营养元素，每产 100 千克葡萄浆果，就要吸收 0.3~0.6 千克氮素。葡萄树的生长发育受氮肥的影响非常大。在一定范围适量多用氮肥，有助于促使葡萄树枝叶数量的增加，有助于葡萄树势的增强，有助于树体的生殖生长以及营养生长的协调，对副梢萌发有促进作用，对葡萄的多次开花结实有帮助，有助于提高其产量。不过假如施用太多氮肥，就会使枝叶徒长，造成大量落果，使产量减少，此外还会降低其新生枝条及根系的木质化程度，降低其越冬能力。

因为养分流失以及土壤的固定，有些肥料无法被根吸收和利用。所以，在生产过程中，通常施 12~18 千克/亩的氮肥。施肥要以基肥为主，施用量是全年施用总量的 40%~60%。最好在采果后立即施入，此时根系还处于生长的第二个高峰期，叶子还没有掉落，施入肥料后根系就会吸收一部分，参与代谢，合成大量有机营养，使树体营养的贮存量得到提升，这对促进花芽的分化、恢复树势的作用非常明显。通常追肥在发芽前、开花前后、浆果初着色时进行。

（1）发芽之前追施氮肥针对的主要是没有用过基肥的葡萄树，会有助于促进花穗和枝叶发育，还能扩大叶面积。

（2）对于有较多花穗的葡萄树，为了减少落花、增大果穗，可以在开花前增用氮肥且配上一定量的磷、钾肥，用量约为年施用量的 1/5。

（3）开花后，当果实长到绿豆大时，增施氮肥可以协调枝叶生长、促进果实发育。根据葡萄的长势决定施用量，如果长势较旺，宜少施；如果长势较差，应多施。通常为年施用量的 1/10~1/5。

（4）果实初着色时，可以适量增施一点氮肥，并与磷、钾肥相配合，来使浆果快速增大、提高含糖量，增加果实色泽，改善果实的内外品质。以施用磷肥、钾肥为主，此时氮肥的用量大概是年用量的 1/10。

2. 磷、钾肥的施用

葡萄树需磷量不多，通常每产 100 千克浆果要吸收 0.1~0.3 千克磷素。因为土壤的固定等因素，葡萄树利用磷肥的效率不高，在实际生产中，磷肥施用量比上述要多一些，通常对于丰产葡萄园，年施五氧化二磷 10~15 千克/亩，相当于 70~110 千克含磷量为 14% 的过磷酸钙。在实际施用中，磷肥主要是基肥，通常为年用量的 60%~70%，要在采果后尽快施用，这是由于此时葡萄根系还处于第二个生长高峰期，葡萄吸收了施入的磷肥后，参与代谢，合成大量有机营养，能使树体营养的贮藏量变多。这不但能促进花芽的分化、恢复树势，还能使葡萄的抗冻力得到提升。剩下的磷肥当作追肥，于开花前期、幼果初生长期、浆果初着色期与氮、钾肥配合施用，其中，在浆果初着色期，磷肥的追施量要占磷肥年施用总量的 1/5，其他两期约占 1/10。

葡萄需钾量比较大，每产 100 千克葡萄浆果会吸收钾素 0.3~0.7 千克。钾供给充足能使葡萄的含糖量得到提高，对浆果着色有促进作用。通常对于丰产葡萄园而言，年施 15~22 千克/亩的钾肥，相当于施入 30~40 千克含钾量为 50% 的硫酸钾。以基肥为主施用钾肥，约为年施用总量的 1/3。主要在浆果初着色初期追施，为年施用总量的 1/3；在其他两个时期，追施量分别约为年施用总量的 1/6，注意配合施用氮、磷肥。

3. 施用硼肥、锌肥、铁肥

对葡萄施用硼肥能使其坐果率升高，对植株的营养状况有改善作用，有增产作用。若是在秋季对缺硼土壤施用基肥，每亩施用

0.5~1千克硼砂。也可在葡萄花开之前喷施0.05%~0.1%硼砂水溶液。

如果葡萄缺锌，则其叶片会缩小，新梢节间会变短，果穗形成许多无核小果，使产量明显减少。预防葡萄缺锌的方法是，在冬剪后将10%的硫酸锌溶液抹在剪口处；或者在开花前2~3周、开花后3~5周用0.2%~0.3%硫酸锌溶液各喷施1次。对已有缺锌症状的葡萄，要马上喷施0.2%~0.3%硫酸锌溶液，通常要喷施2~3次，中间有1~2周的间隔。

葡萄在石灰性土壤中与在含少量有效铁的其他土壤中也很容易出现缺铁性叶片黄化，这个情形不但对葡萄长势不利，而且会降低葡萄的品质及产量。因为在土壤中施入硫酸亚铁后很快就能转化为果树无法吸收的形态，因此单施硫酸亚铁，效果不佳，最佳方法是将铁的螯合物施到田中。不过其价格不低，而且很难买到。效果较好的方法是按1:4:1的重量比将硫酸亚铁与饼肥（棉籽饼、花生饼、豆饼）、硫酸铵混合，然后，将其集中施在葡萄毛细根较多的土层里，在春季萌芽前施入有较好的作用。或者在葡萄的生长中喷施0.5%尿素水溶液与0.3%硫酸亚铁，不过其有效期不长，每过1~2周就要喷1次。

4. 施肥的时间和方法

最好在果实采摘后立即对葡萄施用基肥，假如未及时施入，在葡萄休眠时施用也可以。施肥以磷、钾肥和有机肥为主，以树势为依据配施一定量的氮肥（树势较弱的应适当多施氮肥，树势太旺的可不施氮肥）。施基肥的方法是，沿葡萄树行在一侧开沟施入，切记不可离树太近，避免伤根太重，限制葡萄长势。

葡萄对氮、钾肥的需求较多，在葡萄生长时要及时予以补充。在用氮、钾肥进行追肥时，通常是开浅沟施入，在芽膨大期、开花前期、开花后果实发育有豆粒大的时期、葡萄浆果初着色期施用。

六、柑橘

柑橘，属芸香科柑橘亚科，是热带、亚热带常绿果树（除枳外），用作经济栽培的有枳、柑橘和金柑3个属。我国和世界其他国家栽培的柑橘主要是柑橘属。而中国是柑橘的重要原产地之一，有4 000多年的栽培历史，柑橘资源丰富，优良品种繁多。

柑橘长寿、丰产稳产、经济效益高，是我国南方果树的最主要的树种，对果农脱贫致富、农村经济发展起着重大作用。

（一）柑橘的需肥特性

柑橘为常绿果树，一年有多次抽梢，结果早、挂果时间长，结果量多，需肥量大，一般为落叶果树的2倍。新梢对氮、磷、钾的吸收从春季开始逐渐增长，氮元素不可施用过量；否则，根部会受到伤害。夏季是枝梢生长和果实膨大时期，需肥量达到吸收高峰。秋季根系再次进入生长高峰，为补充树体营养，仍需大量养分。随着气温降低生长量逐渐减少，需肥量随之减少，入冬后吸收基本停止。果实对磷吸收高峰在8—9月，氮、钾的吸收高峰在9—10月，以后趋于平缓。

（二）柑橘的减施增效技术

1. 柑橘的施肥量

一般每亩产3 000千克的柑橘园，应施氮（N）25~30千克、磷（P_2O_5）10~15千克、钾（K_2O）25~28千克和柑橘专用肥170~212千克。每亩产3 500~5 000千克的柑橘园，应施氮（N）40~60千克、磷（P_2O_5）30~45千克，钾（K_2O）30~45千克和柑橘专用肥290~450千克。与其他果树比较，柑橘要求氮多，而磷、钾相对较少。

2. 柑橘的施肥技术

根据需肥特点，树龄、树势、土壤供肥状况等因素确定合理的施肥量。柑橘除果实挂树贮藏或晚熟品种可以在采果前施肥外，一般采前不宜施肥，尤其是氮肥，否则会严重影响果实贮藏品质。

（1）基肥。也称为采果肥。柑橘挂果期很长，一般为6~8个月，在结果期内，消耗养分很多，树势开始衰弱。为了恢复树势，促进花芽分比，充实结果母枝，提高抗寒能力，为来年结果打下基础，采果后必须及时施肥。施肥时期为10月下旬至12月中旬。此时气温下降，根条活动差，吸收力弱，应以有机肥为主，每株施优质有机肥50~100千克、尿素0.3~0.5千克、过磷酸钙0.5~1

千克。

（2）追肥。追肥是调节营养生长与生殖生长平衡的重要手段，根据柑橘营养特点，一般从抽生梢至果实成熟分3次追肥。

促肥花又称花前肥。从春梢萌动至花前进行，主要是为保证开花质量和春梢生长质量。每株施有机肥30~50千克，2∶1∶1型复合肥1~1.5千克。施肥时间为2月下旬至3月上旬。

稳果肥又称花后肥。在落花后坐果期进行，主要是提高坐果率和控制夏梢突发。此期（5—6月）要避免大量施用氮肥，否则会刺激夏梢突发，引起大量落果。因此，除树势弱的橘园，一般不采用土壤施肥。为了保果，多采用叶面喷施0.3%尿素+0.2%磷酸二氢钾+激素（10毫克/千克2,4-D或50~100毫克/千克萘乙酸），10~15天喷1次，连续2~3次能取得良好效果。

壮果肥在果实膨大期进行。此期正值果实不断膨大，秋梢抽生和花芽分化，是影响柑橘当年和来年产量的重要时期，必须保证有充足的营养供应。此期施肥应以化肥为主，为改善果实品质和提高贮藏性能，要重视增施钾肥，一般可选用氮、磷、钾养分比例为2∶1∶2型高浓度复合肥，每株2千克左右。

以上为柑橘的一般施肥原则，在生产实践中，必须因地制宜灵活掌握。密植柑橘，棵小，根浅，多采用勤施薄施，花多，果多、梢弱，可随时增施；结果少而新梢长势好的橘树，为防止营养生长过旺，可以少施。早施品种应提早施肥，晚熟品种可推迟施肥。

第三节　蔬菜精准施肥

蔬菜作物种类繁多，品种各异。以其供食的部位可粗略分为果菜类、叶菜类、根菜类、茎菜类等。由于各类蔬菜生物学特性不同，在营养上要求也不同，所以在施肥上也就有所区别。

一、蔬菜作物需肥特点

蔬菜作物和其他植物一样，通过根系从土壤中以无机盐或离子形态吸收多种营养元素。吸收量最多的是氮、磷、钾，其次是钙、镁、硫等微量元素。虽然不同的蔬菜品种对外界条件的要求及吸肥特点不同，但在营养元素的吸收方面有其共同特点。

1. *蔬菜作物根系吸收能力强*

蔬菜作物具有生长快、生育期较短、产量高等特点，对水分和养分的吸收量也相对要高。植物根部的伸长带，也称根毛发生带，此部位的吸收和氧化力强，是根系中最活跃部分。由于蔬菜作物根的盐基代换量比禾本科作物高，所以蔬菜作物根系的吸收能力较强。

2. *蔬菜作物多为喜硝态氮作物*

蔬菜作物在完全的硝态氮条件下，产量最高，而对铵态氮敏感，过量时，则抑制钾和钙的吸收。番茄在完全铵态条件下，生长受到阻碍。铵态氮加入量占全氮量的30%左右为宜。洋葱在铵态氮超过50%时，产量显著下降。而硝态氮在100%的条件下，大多数蔬菜生长良好。所以在蔬菜栽培中，应注意硝态氮与铵态氮的比例，一般情况下，铵态氮为1/4~1/3。但硝态氮肥料不易被土壤胶体吸附，容易流失，应采取少施多次的措施，以提高肥料的利用率。

3. *蔬菜作物需硼量高*

硼在植物体内是以无机态的不溶性、可溶性形态存在，而不是以有机化合物存在。一般单子叶植物体内可溶性硼含量比双子叶植物多，蔬菜作物多属双子叶植物，所以蔬菜作物比禾本科作物吸硼量多。如根菜类蔬菜比麦类高8~20倍，比玉米高5~10倍。据有关材料报道，植物体内可溶性硼含量愈高，硼在植物体内再利用率也高。由于蔬菜作物体内不溶性硼含量高，硼在其体内再利用也低。所以，蔬菜作物需硼量一般均高于禾本科作物。在蔬菜栽培中，如甜菜的心腐病、芹菜的茎裂病、萝卜的褐心病等，均属缺硼而引起的生理病害，故应注意硼肥的施用。

另外，土壤通气状况对根系生长与吸收功能有密切关系。在通气良好的土壤中，根系的根毛多，根部细胞膜厚，皮层细胞密集整齐。相反，在通气不良的土壤中，根短，根毛少。在缺氧的条件下影响根部主动吸收和根部的渗透性，不仅使地上部氮、磷、钾含量低，而且也影响钾、磷的转运，导致产量的下降。如当土壤含氧量减少一半时，黄瓜可减产10%。当然也有对含氧量不太敏感的蔬菜，如茄子，当需氧量减少一半时，对产量的影响不明显。

二、蔬菜作物施肥技术

不同蔬菜作物对氮、磷、钾主要营养元素的需要比例和敏感程度有明显不同。如叶菜类蔬菜需要的氮素较多，根菜类蔬菜则需钾的比例最高。即使同一蔬菜品种，在不同的生育时期，其吸收营养元素的速度也不同，一般是生育的前期小于生育的中后期。

（一）果菜类蔬菜施肥

果菜类蔬菜包括瓜类和茄果类蔬菜。这类蔬菜的生长过程，分为营养生长与生殖生长两个阶段。

果菜类蔬菜的苗期阶段是其产量形成的基础，因为决定果菜类产量因素的花芽分化和雌花的数目是在苗期阶段完成的。因此，苗期的养分供应状况，对花芽分化有着显著的影响。一般情况下，苗期需要氮多、钾多，其次是磷、钙。当然不同的蔬菜种类也有差异。

果菜类蔬菜的幼苗对于土壤的湿度、温度、营养和通气等都有较严格的要求。优良的育苗床土要求营养齐全，保肥、保水，通气性好，不含土传病害的病原物及虫卵。床土的一般配比是：粮田土6份，腐熟的圈肥4份，混匀后过筛，每立方米加过磷酸钙3千克、草木灰10千克，为了杀虫灭菌，可再加50%多菌灵可湿性粉剂100克、50%敌敌畏乳油50克。近年来，经研究表明，在苗期施一定量的硫酸锌、硫酸锰等微量元素，可起到壮苗的效果。

移栽定植后，果菜类蔬菜进入营养生长与生殖生长并进时期。由于各器官之间对养分争夺矛盾，所以要注意协调营养生长与生殖生长，使其一致。

对氮素养分的吸收，从生育初期延续到生长末期，吸收的数量是连续的增加。其中85%的氮贮藏于果实中，随着果实的采收而带走。因此，采果期间要补充氮肥。

对磷素养分的吸收，虽然磷吸收量不大，但对产量影响较大。在初期吸收量少，从果实膨大开始，吸收显著增加。磷吸收量有

60%转移到果实中,也随着果实的采收而带走,所以要补充磷肥。

对钾素养分的吸收,从定植到生长末期都吸收钾,有60%的钾转运到果实被带走。因此,在施基肥时应注意钾的施用。

对钙的吸收,蔬菜作物其吸收数量远远超过大田作物。钙的吸收是随着蔬菜的生长发育而增加。吸收量最高的时期是初果期到盛果期,在生育后期,作物茎叶内钙含量很高,而果实内却很低。从测定数字表示,果实内钙含量仅是叶内的1/30~1/20,是茎内的1/8~1/6。说明钙与叶内形成同化物有关,而不参与同化物的运输,所以番茄、辣椒果实内钙不足易发生生理病害。众所周知的番茄蒂腐病、辣椒褐腐病,不仅严重影响产量,而且使果实失掉商品价值。这种病害发生,与土壤水分及气候条件有一定关系,但主要原因是由于钙在作物体内不易转运,而致使果实内钙不足,而使真菌侵入,以致产生蒂腐。防治措施可在番茄初果喷二氯化钙溶液,以增加果实中钙的含量。

微量元素锌肥对番茄、辣椒,锰肥对黄瓜、茄子都有良好的增产作用。硫酸锌每亩施0.5~1千克,硫酸锰每亩1~2千克,不仅增产,同时还可改善品质,提高维生素C和糖的含量。根外喷施0.05%~0.1%硫酸锌、0.1%~0.2%硫酸锰,其效果也佳。

(二)叶菜类蔬菜施肥

叶菜类蔬菜主要有结球白菜、结球甘蓝、菠菜、芹菜和苋菜等。由于种类繁多,对外界生长条件要求各不相同,其中白菜、甘蓝、菠菜、芹菜喜欢冷凉气候,而苋菜、蕹菜则喜欢较高的温度。

叶菜类蔬菜生长迅速,单位面积株数多,叶面积指数大,根系较浅,多在早春或秋冬播种。叶菜类蔬菜中的结球白菜和结球甘蓝,其产量高低与施肥水平密切相关,对养分的吸收量与生长量是平行的,尤其在进入结球期,生长量增加快,养分吸收也快,到结球后期生长量降低,吸收养分的数量也减少。

对氮素营养要求,由于叶菜类蔬菜是以叶为食用器官,所以氮素营养对增加产量作用明显。据试验施1千克硫酸铵可增产大白菜15~20千克,以播种期、莲座期、结球包心期分次施氮比一次集中施氮肥效果好。分次施氮肥可以延长外叶的生命,加速外叶的生长，增强植株的光合势，使球叶充实。但是用量不宜过多，追肥期不应过迟，否则硝酸还原作用在叶部进行，如遇不利的气候条件（尤其是光照不足时），硝酸还原受阻而积累。硝酸盐的过量对蔬菜本身无害，但对人体食用有害，它在人体能使血红蛋白变性和产生亚硝胺。

叶菜类蔬菜对磷、钾养分也很需要，磷、钾影响白菜的结球性，当磷不足时，植株叶色带绿而不鲜明，叶背的叶脉出现紫色，植株矮小。缺钾时，叶缘带赤褐色而干枯，叶球内部叶变小弯曲，所以磷、钾养分不足，白菜结球不好。

叶菜类蔬菜中的结球白菜、结球甘蓝需要足够的钙营养。钙在叶序中的分布，呈有次序的从外叶向内叶逐渐减少，内外叶可相差17倍。在北方地区常发现，这两类蔬菜缺钙症状，幼嫩球叶先端开始有烧边现象，称为干烧心或叶缘腐烂病，究其原因，并不是土壤的钙不足，而是根吸收钙后，运输受阻。钙是通过木质部向上部运输，白天依靠蒸腾流，晚间依靠根压流。相对湿度影响蒸腾率也就影响了钙的运输。白天外叶蒸腾率高，吸收的钙多向老叶运输，晚间外叶气孔关闭，蒸腾率低而停止吸收钙，由于心叶吸水，所以钙可以从外叶运输到内叶。因此，要使外叶的钙不断运输到内叶，就要使夜间的气候湿润。在生产上可用风障来减少空气的流通。还可以在结球前通过喷施二氯化钙溶液增加心叶和莲座叶的含钙量。

微量元素硼、锰、铜、锌对叶菜类蔬菜都有一定的增产效果。根部施用时要注意用量，以免超量而产生毒害作物。采用根外喷肥也可取得良好效果。

（三）根菜类蔬菜施肥

根茎类蔬菜是食用肉质根、膨大的地下茎的蔬菜如薯类、姜、芋、萝卜和胡萝卜等。由于这类蔬菜多含淀粉和糖，又称低热量的蔬菜。

一般来说，根菜类蔬菜为深根性作物，生长前期根系的主要功能是吸收水分和养分。生长中期根部一方面吸收水分和养分，另一方面逐渐膨大为将来的供食部分。所以，土壤条件不仅影响根系发育前期的营养生长水平，而且也决定着根菜类蔬菜产品质量的优劣。根菜类蔬菜喜土壤疏松、土层较深的沙壤土或冲积黏土，含有丰富的有机质和较低地下水位。如土壤黏重，则肉质根粗糙，着色不好，品质下降。故应重视增施腐熟有机肥和高垄栽培，以创造适宜的土壤条件。

根菜类蔬菜种子发芽后，初期地上部生长缓慢，进入肉质根膨大时，生长量迅速增加，这时干物质生产量达到最高水平，吸收养分也达到最高值。所以，肉质根膨大时期的营养很重要。

氮的供应，要注重在中期，因此期同化叶面积急剧增加，同化产物大量积累，根部开始膨大。在后期氮供应过多，易发生腐烂现象。

钾的供应，根菜类蔬菜是喜钾作物，吸钾量是吸氮量的 1~2 倍，钾对此类蔬菜产量影响极大。在生长初期供钾，叶重增加，叶中还原糖含量也随之增加，同时钾还促进糖向根部转移。

根菜类蔬菜对磷的需要较氮、钾少，但各种根菜类需磷量也大不相同，如胡萝卜比萝卜多 2 倍左右。

根菜类蔬菜对微量元素的反应以硼效果最好。根菜类蔬菜含硼量高达 35~60 毫克/千克。其中甜菜、萝卜、芜菁需硼较多，胡萝卜需硼中等。在石灰性土壤或酸性土施用石灰后，使硼吸收及运转困难，常出现缺硼病。在轻度缺硼时，地上部分看不到症状，而影响根部膨大，严重时，根内部薄膜组织少，木质部病变，细胞壁增厚，变褐色坏死，被称为褐心病，使根部可溶性糖、淀粉含量减少。

防治根菜类蔬菜缺硼措施，可采用硼肥浸种，生长旺盛期进行根外喷肥，以及调节好植株中的钙硼比。

（四）茎菜类蔬菜施肥

茎菜类蔬菜以肥大的茎部为产品的蔬菜主要有莴笋、茭白、茎用芥菜、球茎甘蓝等。以萌发的嫩芽为产品的主要有石刁柏、竹笋、香椿等。这一类蔬菜的生活习性差异很大，其需肥特性也不同，下面仅以代表性蔬菜品种的施肥要点作一简介。

（1）莴笋。根系不发达，为直根系浅根性蔬菜。春莴笋有秋季育苗冬前定植和冬季阳畦育苗春季露地定植两种。冬前定植缓苗后施速效性氮肥，以促进叶片数的增加及叶面积的扩大。地冻前，用马粪或圈粪堆在植株周围保护根茎，以防受冻。返青后及时追肥，促叶片生长，苗子"团棵"时应施速效性氮肥，并注意配施钾肥。

秋莴笋的苗期正值高温季节，注意苗龄不宜过长。为防止秋莴笋抽薹，必须满足其肥水的要求。大田要施足基肥，缓苗后及时追施速效性氮肥，团棵至茎部开始膨大时是需肥高峰期，施用速效性氮肥和钾肥可促进茎部的肥大。

（2）茭白。茭白多栽培于湖畔及藕田边缘，属水生蔬菜。以土壤深厚、含有丰富有机质、肥沃而疏松的土壤为最好。冬前结合翻地将基肥翻入土中，第二年栽植前再施一次厩肥。新茭田栽植后当年于分蘖前期和孕茭期分期追粪肥，也可追适量的速效氮肥。

（3）石刁柏。属多年生蔬菜，对土壤的适应范围广泛，要达到高产优质，需选土层深厚、通气性好、有机质丰富的土壤，所以增施堆肥和厩肥等有机肥料是丰产的基础。秋末植株进入休眠期，基本不吸收矿质养分。到第二年春季幼茎抽生是依靠肉质根中贮藏养分，当长出绿色的地上茎后，根的吸收机能开始旺盛，需提供足够的养分才能满足植株生长的需要。石刁柏对氮、磷、钾吸收的比例大致为 5∶3∶4。到秋季生长的旺盛期还需追肥，以促进植株养分积累，为明年幼茎生长提供养分。

在我国北方地区，为了满足新鲜蔬菜的周年供应，常采用保温设备措施栽培蔬菜，如温室、塑料大棚等。保护地生产蔬菜，施肥量一般超过露地生产的肥料用量，加之保护地与外界隔绝，灌水量比蒸发量少，养分淋失少，水分从下向上移动。所以所施氮肥除作物吸收外，就不像露地那样被淋失而在土壤中积累。除硝酸盐外还有化肥的副成分也都遗留在土壤中。这样就易发生土壤 pH 值的变化与盐类积聚的为害，使土壤产生高浓度的盐类溶液。蔬菜所能忍受的溶液浓度是有一定限度的，因此在高浓度情况下，使蔬菜根的渗透压加大，影响作物对养分和水分的吸收，黄瓜根细胞汁液的渗透压较低，叶片面积大，蒸腾量也大，所以耐盐性最差，苗期只能忍受 0.034% 的浓度，定植后也只能忍受 0.05% 浓度的盐分。同时土壤溶液浓度高,易引起离子吸收紊乱,特别是 Mg^{2+}、NH_4^- 和 K^+ 等对 Ca^{2+} 吸收有抑制作用,NO_3^- 的增加也抑制 Mg^{2+} 的吸收,这些与肥料种类也有密切关系,溶解度大的又不被土壤吸附的肥料,土壤浓度就极易升高。所以要防止保护地土壤养分富集,就要选择适宜的肥料种类、合理的肥料用量,还要经常进行土壤盐分的测定。

第三章 有机肥替代化肥

第一节 有机肥的概念和特点

一、有机肥的概念

有机肥是一切含有大量有机质的肥源的总称，是农村中可就地取材、就地积制的自然肥料。从定义上来看，有机肥可分为"广义的有机肥"和"狭义的有机肥"。

1. 广义的有机肥

广义的有机肥俗称农家肥，由各种动物、植物残体或代谢物组成，如人畜粪便、秸秆、动物残体、屠宰场废弃物等。另外还包括饼肥（菜籽饼、棉籽饼、豆饼、芝麻饼、蓖麻饼等）、堆肥、沤肥、厩肥、沼气肥、绿肥、泥肥等。主要是以供应有机物质为手段，借此来改善土壤理化性能，促进植物生长及土壤生态系统的物质循环。

2. 狭义的有机肥

狭义上的有机肥专指以各种动物废弃物（包括动物粪便、动物加工废弃物）和植物残体（饼肥类、作物秸秆、落叶、枯枝、草炭等），采用物理、化学、生物或三者兼有的处理技术，经过一定的加工工艺（包括但不限于堆制、高温、厌氧等），消除其中的有害物质（病原菌、病虫卵害、杂草种子等）达到无害化标准而形成的，其主要技术指标符合国家相关标准（NY 525—2012）（表3-1）的一类肥料。

表 3-1 有机肥料（NY 525—2012）主要技术指标

外观	有机质含量	总养分 (N, P_2O_5, K_2O)	水分	酸碱度 (pH 值)
褐色或灰褐色，粒状或粉状，均匀，无恶臭，无机械杂质	≥45%	≥5.0%	≤30%	5.5~8.5

二、有机肥的特点

1. 有机肥的优点

（1）提供农作物所需全面营养，保护农作物根茎。有机肥料含有植物所需要的大量营养成分、微量元素、糖类和脂肪。有机肥分解释放的 CO_2 可作为农作物光合作用的材料。有机肥还含有氮、磷、钾55%，有机质45%，可为农作物提供全面的营养。同时，不得不提的是有机肥在土壤中分解，能够转化形成各种的腐殖酸是一种高分子物质，具有很好的络合吸附性能，对重金属离子有很好的络合吸附作用，能有效地减轻重金属离子对作物的毒害，并阻止其进入植株中，并且保护植物的根茎。

（2）提高土壤的培肥地力作用。有机肥料中的有机质增加了土壤中的有机质含量，使得土壤黏结度降低，沙性土壤保水保肥性能变强，从而土壤形成稳定的团粒结构，便可以发挥良好的肥力协调供应能力。用过有机肥，土壤会变得疏松、肥沃。

（3）提高土壤质量，促进土壤微生物繁殖。有机肥料可以使土壤中的微生物大量繁殖，特别是许多有益的微生物，如固氮菌、氨化菌、纤维素分解菌等。这些有益微生物，能分解土壤中的有机物，增加土壤的团粒结构，改善土壤组成。有机肥中的有益微生物还能抑制有害病菌的繁殖，这样就可以做到少打药，如果连续多年施用，可以有效抑制土壤有害生物，省工、省钱、无污染。同时，有机肥料中有动物消化道分泌的各种活性酶，以及微生物产生的各种酶。这些物质施到土壤后，可大大提高土壤的酶活性。长期持久使用有机肥可以改善土壤的质量，从根本上改善提高了土壤的质量，就不怕种不出优质的果实。

（4）增强农作物抗病、抗旱、耐涝能力。有机肥含有维生素、抗生素等，可增强农作物抗性，减轻或防止病害发生。有机肥施入土壤后，可增强土壤的蓄水保水能力，在干旱情况下，能增强作物的抗旱能力。同时，有机肥还可使土壤变得疏松，改善作物根系的生态环境，促进根系的生长，增强根系活力，提高作物耐涝能力，减少植物的死亡率，提高了农产品的生存率。

（5）减轻环境污染，维持农业生态良性循环。环境污染有机废弃物中大量病菌和虫卵，如果不及时处理，会引起病菌传播，导致地下水中氨态、硝态和可溶性有机态氮浓度升高，地表与地下水富营养化，造成环境质量恶化，严重的会危及生物的生存。

（6）提高食品的安全性、绿色性。国家早已明文规定：农业生产过程必须限制无机肥料的过量使用，有机肥料才是生产绿色食品的主要肥源。由于有机肥料中各种营养元素比较完全，而且这些物质完全是无毒、无害、无污染的自然物质，这就为生产高产、优质、无污染的绿色食品提供了必须条件。前面说的腐殖酸物质，可以减轻重金属离子对植物的为害，也就相当于减少了重金属对人体的为害。

2. 有机肥的缺点

（1）养分含量低、肥效缓，难以满足作物旺盛生长时对养分需求。

（2）有机肥料成分变化大，肥效不一致，施用时不易掌握各种肥料的准确用量，即定量施用存在一定困难。

（3）有机肥施用数量大，操作繁重。

有机肥有优点，也存在一些缺点。因此，在施肥过程中，应把有机肥与无机肥搭配合理施用，能优势互补，缓急相济，取长补短。

第二节　有机肥的主要来源

有机肥料来源广泛，种类繁多。1990年农业部开展全国有机肥料调查研究，按性质功能和积制方法主要分为粪尿肥、堆沤肥、秸秆肥、绿肥、土杂肥、饼肥、海肥、泥炭、农用城镇废弃物、沼气肥等十大类。

一、粪尿肥

粪尿是人和动物的排泄物，它含有丰富的有机质、氮、磷、钾、钙、镁、硫、铁等作物需要的营养元素，以及有机酸、脂肪、蛋白质及其分解物，包括：人粪尿、家禽粪尿、家禽粪及其他动物粪肥等。

1. 人粪尿及使用

人粪尿是人粪和人尿的混合物，分布广、数量大、养分含量较高，而有机物的含量较某些有机肥料较低，碳氮比小、易腐熟。

人粪尿中的有机氮易分解成氨挥发。且随着气温的增高，损失量加大。此外，还有很多病菌、寄生虫等不利因素。因此，合理贮存、适当的防病虫害卫生处理是合理利用人粪尿的关键。一般北方采用拌土制成土粪或堆肥的方法积存；南方采用粪尿混存的方法，在粪坑（池）中制成水粪。

人粪尿属速效性肥料，可用作种肥、基肥和追肥。一般作追肥，制成堆肥后多作为基肥。人粪尿、秸秆和土混合堆制的肥料多作基肥；单独贮存的人粪尿对 3~5 倍的水或加适量化肥追施；作种肥时，宜用鲜尿浸种，浸种时间以 2~3 小时为宜。

人粪尿积存和施用过程中应注意以下几点。

（1）不可用人粪尿晒制粪干。

（2）熟人粪尿不能与草木灰等碱性物质混存。

（3）人粪尿中带有各种传染病菌和寄生虫卵，须经发酵或药剂处理后才能使用。

（4）人粪尿中的盐分和氯离子含量较高，不适宜在忌氯作物上过多施用，会降低块茎、块根中淀粉和糖的含量，影响烟草的燃烧性，不宜在干旱、排水不畅的盐碱土上一次性大量施用。

2. 家畜粪尿及使用

家畜粪尿是猪、牛、羊等家畜的排泄物。含有丰富的有机质和作物所需的营养元素。各种家畜粪尿的成分和性质因家畜种类、大小和饲料的不同存在差异。家畜粪富含氮、磷，其中羊粪中氮、磷含量最多，猪马次之，牛粪较少；家畜尿富含氮、钾，一般呈碱性反应。

（1）猪粪尿的使用。猪粪尿积存过程中，各种成分在微生物的作用下转化成的磷酸或磷酸盐、铵盐或硝酸盐等极易挥发或流失，合理积存是防止养分损失的关键，常见的积存方法有以下几种。

垫圈积存：北方常采用干土或草炭垫圈，南方多以褥草垫圈，但褥草吸收性缓慢，肥分损失较大。

圈外积存：将圈内粪肥清扫到圈外紧密堆积，内部保持湿润，外层糊封泥土，即可保肥。

粪池（坑）积存：猪圈与厕所相连，用水将猪粪冲入粪池积存，多见于我国农村。

猪粪积存过程中应注意以下几点。

①用土作垫料时，粪土比以1：（3~4）为宜。

②提倡圈内积肥与圈外积肥相结合，勤起勤垫，既有利于猪的健康，又有利于养分腐解。

③草木灰不要倒入圈内，否则引起氨的挥发损失。

猪粪尿适用于各种土壤和作物，有较好改土增产效果，可作基肥、追肥。一般作追肥，追肥量视作物而定，将腐熟的猪粪尿中加3~5倍的水作追肥用，也可考虑作物加入适量的化学氮肥穴施。腐熟的猪粪尿可追肥、基肥。

（2）牛粪尿的使用。牛粪尿的积存通常有圈外集肥、冲圈集肥两种方法。

圈外集肥法。在牛圈（栏）垫以秸秆、青草、泥炭、干土，吸收尿液。定期将粪尿与垫料一起运至圈外地势高的平地上堆积保存。由于牛粪性冷，加上羊粪等热性肥料，促进腐熟。外层抹以7厘米左右厚的泥土，防止养分流失，也可加入过磷酸钙以增磷保氮。

冲圈集肥法。在大型养牛场，每日用水冲粪尿入粪池，制成水肥，或流入沼气池制成发酵肥。

(3) 羊粪尿的使用。羊粪尿的积存方法主要有圈内积肥和卧地积肥两种。

①圈内积肥。羊群除放牧外，大部分时间在圈内饲养，为保证羊群健康，提高羊毛质量，要求圈内整洁。用细而干的麦秸、草炭或干细土作垫料，垫料以及羊吃存的各种秸秆、杂草吸收保存尿液。垫圈原则为"勤垫薄扔，湿一块、垫一块"，圈内积存的羊粪尿同垫料一起经过一段时间后取出疏松堆积，短期腐熟后即可施用。

②卧地积肥。放牧羊群回圈之前，先把羊群赶至空白地集中排泄粪尿，或让羊群在地里过夜，就地排泄粪尿，这种方法叫卧地积肥。卧地处应及时翻耕，减少养分损失。

羊粪尿适用于各种土壤和各种作物，可作基肥和追肥。施用时注意事项同其他家畜粪尿。

3. 家禽粪及使用

家禽粪是鸡粪、鸭粪、鹅粪、鸽粪等家禽粪的总称。禽粪尿为混合排出，不能分存，其养分含量因类别、品种、饮料条件不同存在差异，平均水平较家畜粪尿高，且比例较为均衡。

(1) 鸡粪的使用。鸡粪中尿素态的氮易分解，且随着水分的增加，氮素损失较高，而堆腐时易起热，又可造成氮素挥发，属热性肥料。所以鸡粪的积存以干燥存放为宜，存放时加适量的过磷酸钙可起到保肥的作用。直接施用鸡粪易招地下害虫，同时其尿素态的氮也不能被作物直接吸收。因此，鸡粪应在施用前需要沤制。其方法有加土沤制、加秸秆沤制和液肥沤制3种。

①加土沤制。将鸡粪与土按10厘米厚一层鸡粪、7~8厘米厚一层土的间隔堆积于深1米左右的水泥池中，夯实，上层覆盖秸秆或搭棚以防雨、防晒。沤制一个月即可。

②加秸秆沤制。将鸡粪与秸秆以1：4的比例，按高温堆肥的方法层层堆放，上层加7~10厘米厚的干土覆盖。

③液肥沤制。将鸡粪与水以1：9的比例，冲入不漏水并加盖的池中，加入3%~4%的过磷酸钙沤制。

鸡粪适用于各种土壤和作物，不仅能增加产量，也可提高作物品质。因其分解快,宜作追肥,也可与其他厩肥混合作基肥施用。为防止鸡粪中较多的尿酸毒害幼苗,施用量不易超过30 000千克/公顷。

(2) 鸭粪的使用。鸭粪养分含量略低于鸡粪。圈养鸭鸭粪的收集方法是,用细干土或碎干草炭垫圈,定期清扫,于阴凉干燥处堆存沤制。稻田放养的鸭,鸭粪直接肥田,另外鸭还可以啄食稻田中的害虫和水生生物。

(3) 鹅粪的使用。鹅主要以青菜、水草为食,粪便中养分含量较其他禽粪少。其使用方法同鸭粪。

(4) 鸽粪的使用。鸽主要以粮食为食,饮水少,粪便养分含量较其他禽粪高。鸽粪适用各种作物与土壤,可与其他畜、禽粪尿混合堆沤,作基肥、追肥用。

4. 其他动物粪肥及使用

我国动物资源丰富,除前面提到的人粪尿、家畜粪尿、禽粪外,蚕沙、蚯蚓等也是优良的有机肥料。定期清扫的蚕沙可晒干后贮存于干燥处,为防止氮素损失,贮存时应压紧并加入约蚕沙数量3%的过磷酸钙。蚕沙适用于各种土壤、各种作物,一般与人粪尿一起堆沤发酵,作追肥、基肥用。

二、堆沤肥

堆沤肥包括厩肥、堆肥和沤肥,是农业生产上的重要有机肥源。

(一) 厩肥

厩肥是牲畜粪尿与填料混合堆沤腐解而成的有机肥料。北方称为"圈肥",南方称为栏肥。同时,因填圈材料不同,以土为主填圈的称为"土粪",以秸秆或青草为主要垫料的称为"草粪",土粪的肥分低于草粪。

1. 厩肥的积制方法

厩肥一般有两种积制方法,即圈内堆沤腐解法和圈外堆沤腐解法。

(1) 圈内堆沤腐解法。一般适用于养猪积肥,形式上主要有北方、南方两种。南方农村多采用平地圈形式，圈地与地面平齐，垫料以秸秆、杂草为主，猪粪尿与垫料经猪的踩踏混合、压紧、发酵，当下层肥料呈现半腐熟、腐熟状态后，即可施用于稻田，也可作堆肥的原料。北方农村猪舍构造通常分为一台include坑两部分，台上供猪休息，坑内则是运动、排泄、积粪的场所，坑内分期加入垫料，垫料以干细土为主，秸秆、青草、垃圾为辅。猪粪尿与垫料经猪的踩踏混合、压紧，进行嫌气分解，当下层肥料腐熟时，即可起出，圈外再堆集一定时间，待全部腐熟后捣碎备用。

（2）圈外堆沤腐解法。一般适用于牲畜以及猪栏粪、羊圈粪、兔窝粪的积肥方式。垫料以秸秆、杂草为主，待垫料吸足尿液后及时清出至平地堆沤腐解。堆集方法按堆集的松紧程度分为：疏松堆集、紧密堆集、疏松与紧密交替堆集。

疏松堆集。将粪尿与垫料的混合物层层疏松堆积，堆积高度为1.5~2.0米。堆内肥料在好气条件下分解，肥料腐熟可在短期内完成，但此种方法有机质和氮素损失较大。

紧密堆集。将粪尿与垫料的混合物层层堆积、压紧，为防养分流失，外层用泥土封严，堆积厚度为1.5~2.0米。堆内肥料在嫌气条件下分解，2~4个月可达半腐熟状况，堆集6个月以上可完全腐熟。

疏松与紧密交替堆积。将粪尿与垫料的混合物层层疏松堆积，堆内肥料在好气条件下分解。一般2~3天后，堆内温度可达50~70℃，待温度回落到50℃以下时，踏实压紧，堆内肥料由好气分解转为嫌气分解。堆上继续覆盖新出厩肥，肥堆上部有机质分解依然在好气状况下进行。如此往复至肥料堆至1.5~2.0米的高度时，堆外封泥，一个半月到两个月可达半腐熟状态，4~5个月可完全腐熟。

2. 厩肥腐熟特征

厩肥腐熟过程一般经历生粪、半腐熟、腐熟三个阶段。生粪是未分解的粪尿及垫料的混合物；半腐熟是指粪尿及垫料组织变软、霉味散发，粪呈棕色时的状态；腐熟是指粪尿及垫料呈"黑、烂、臭"时的状态。

3. 厩肥的施用

厩肥的腐熟程度决定肥料的性质与养分含量，腐熟程度较差的厩肥可作基肥，宜作追肥和种肥；半腐熟厩肥适用于用作生长周期较长的作物之播前底肥；完全腐熟的厩肥基本上是速效性的，可作追肥和种肥。相对土壤而言，半腐熟的厩肥深施于沙质土壤上，完全腐熟的厩肥宜施在黏质土壤上。

(二) 堆肥

堆肥是利用作物秸秆、落叶、杂草、泥土、垃圾、生活污水及人粪尿、家畜粪尿等各种有机肥和适量的石灰混合堆积腐熟而成的肥料。堆肥材料来源广泛、肥效好，是我国农村普遍积制、施用的有机肥料。

堆肥的基本性质与厩肥相似，属热性肥料。堆肥养分齐全，肥效较为持久。长期施用堆肥可以起到改良土壤的作用。

1. 堆肥的积制方法

积制堆肥有两种方式，即普通堆肥与高温堆肥。

(1) 普通堆肥。普通堆肥是在常温条件下通过嫌气分解、积制而成的肥料。该方法有机质分解缓慢，腐熟时间一般需 3~4 个月。

(2) 高温堆肥。高温堆肥是在通气良好、水分适宜、高温 (50~70℃) 条件下，好热性微生物对纤维素进行强烈的分解，积制而成的肥料。由于好热性微生物的存在，有机质分解加快。

高温堆肥与普通堆肥的不同之处在于：一是高温堆肥法堆制时需设通气塔、通气沟等通气装置，以保堆内适量的空气，从而有利于好气性微生物的活动，而普通堆肥是在嫌气条件下进行分解；二是高温堆肥法在操作过程中必须接种一定量的高温纤维素分解菌，以便堆腐过程中有高温产生，马粪内含有该菌。因此，高温堆肥中常加入适量的马粪。

2. 堆肥的制作条件

堆肥的分解过程是微生物分解有机质的过程，堆肥腐熟的快慢，与微生物的活动密切相关。因此，要加速堆肥腐熟，首先就要控制微生物的活动。堆肥积制过程中，影响微生物的主要因素有以下几种。

(1) 水分。堆肥内含水量是控制堆肥成败与否的首要条件，一般含水量为原材料的 60%~75%（按湿基计），有利于植株茎秆的软化与菌体的生长、移动，进而使堆肥材料快速、均匀地腐熟。含水量 60%~75% 的简单测试方法为：紧握堆肥材料时有少量水挤出，即表示含水量适宜。积制堆肥时，若秸秆吸水困难，应将秸秆先行切断，浸泡后再堆积制。

（2）温度。大部分微生物活动的最适宜温度为 50~60℃，积制堆肥时，保持 55~65℃ 的温度约 1 周时间，促使高温性纤维素分解菌强烈分解有机质后，再维持 40~50℃ 的中温期以促进氨化作用和养分释放。堆肥中温度调节可以通过添减含有较多高温性纤维素分解菌的马粪、水及覆盖厚土等措施来调节。

（3）空气。保持适量的空气，有利于好气微生物的繁殖与活动，促进有机质分解。若通气不良，好气性微生物的繁殖会受到抑制，堆肥温度不易升高，堆腐迟缓；若通气过旺，好气性微生物繁殖过快，有机质大量分解，腐殖质化系数低、氮素损失大。适宜的通气性可以通过控制材料内的水分、堆积松紧度以及设置通气沟或通气筒等方法调节。

（4）酸碱度。大多数微生物适宜在 pH 值为 6.4~8.1 中性至微碱性环境下活动，积制堆肥时，由于微生物分解时产生一定数量的有机酸，致使堆肥内酸性增强。为降低酸度，保持微生物适宜的生长环境，堆制时加入相当秸秆等原材料的 2%~3% 的石灰，降低酸度，同时石灰还能破坏秸秆表层的蜡质，使之易于吸水软化，加速发酵。如有条件，也可以用碱性磷肥代替石灰，效果会更好。

（三）沤肥

沤肥是以作物秸秆、绿肥、青草、草皮、树叶等植物残体为主，混以垃圾、人畜粪尿、泥土等，在常温、淹水的条件沤制而成的肥料。堆沤肥中有机质在嫌气条件下分解、养分不易挥发，且形成的速效养分多被泥土吸附，不易流失，肥效长而稳。沤肥的制作主要有两种形式，分别为卤肥和草塘泥。

1. 卤肥

卤肥多含有机物和多种营养成分，以迟效肥料为主。

（1）卤肥的沤制。卤肥的沤制因地点、原料不同，分为家卤和田间凼两种。建凼时保证将凼底及四壁压实，使之不漏水。家凼设于住宅附近，以污水、垃圾、人粪尿、泥土等为沤制原料，原料不断加入，不断沤制，凼深一般 0.6~1 米；田间凼设在田边地角，根据凼制季节的不同分为春凼、冬凼、夏凼，但沤制方法基本一致，以草皮、秸秆、绿肥、厩肥及人畜粪尿、泥土为原料，加入水或泥浆，保持凼内浅水层，一般凼深 0.5 米左右，每季翻凼 2~3 次，翻凼时加入少量的磷肥、人畜粪尿或厩肥，当凼面出现蜂窝眼，水层颜色呈黑绿色且有臭味时，凼肥成熟。

（2）凼肥施用。凼肥可作水稻的基肥，作基肥每公顷施用量为 4.5 万~7.5 万千克。

2. 草塘泥

草塘泥是用河塘泥、稻草、绿肥、猪粪尿、青草在嫌气条件下沤制而成的。草塘泥沤制过程中形成的速效养分多为河塘泥吸附，不易流失。草塘泥是速效和迟效养分兼备的有机肥料。按照全国有机肥品质分级标准，草塘泥属四级。

（1）草塘泥沤制。草塘泥沤制一般分 4 个阶段，即罱泥配料、选点挖塘、入塘沤制和翻塘精制 4 个阶段。

罱泥配料：一般在冬春季节罱取河泥、将长为 10~15 厘米的碎秸秆（也可用绿肥、青草等）拌入泥中。

入塘沤制：将沤制原料分层，分次移入塘中，混匀踩实。塘满后，保持浅水层沤制。

翻塘精制：为加快腐熟，促进腐熟均匀，入塘沤制 30 天左右，起出塘内肥料，加入适量的人畜粪尿和绿肥、青草等，再行沤制。

沤制过程中翻塘 1~2 次。当水层颜色呈红棕色，且有臭味时，草塘泥肥成熟。

（2）草塘泥施用。草塘泥施用方法、施用量与凼肥同。

三、秸秆肥

农作物秸秆是一种优质的有机肥原料，经过化学试剂或微生物发酵剂进行堆沤发酵处理便成为秸秆肥。秸秆肥不仅适用于水田，更适用于旱地，施用之后，不仅有良好的改土培肥效果，而且能显著提高作物产量，改善品质，增加农民收入。秸秆肥可就地取材，制作方法十分方便。

1. 秸秆肥的制作

采用先进的堆肥发酵技术，接种高速高效发酵菌剂，使得秸秆纤维素迅速分解转化，各种病原菌、杂草种子和蛔虫卵等均被杀死，能够生产稳定性较强、养分种类齐全的生物有机肥。与化肥相比，在保证同样产量的情况下，可以减少肥料施用量达三四成，也就是减少投入20~50元/亩。该技术要点如下。

第一步，秸秆处理。首先应将秸秆粉碎到一定的细度，然后添加适量的家畜粪尿或污泥等原料调整堆肥物料的碳氮比和水分，或者添加菌种和酶。

第二步，前发酵。可在露天或发酵装置内进行，通过翻堆式强制通风为堆积层或发酵装置供给氧气，以秸秆为主体，添加畜禽粪便的好氧堆肥的主发酵期为3~10天。

第三步，后发酵。经过主发酵的半成品被送到后发酵工序，将主发酵工序尚未分解的易分解有机物和较难分解的有机物进一步分解，使之变成腐殖酸、氨基酸等稳定的有机物，得到完全成熟的有机肥制品，后发酵时间通常在20~30天。

第四步，后处理。可根据需要将其进一步干燥、粉碎，继而加工成作物专用有机——无机复混肥。

第五步，贮藏。堆肥一般在春秋两季使用，在夏冬季就必须积存，贮存方式可直接堆存在发酵池中或袋装，要求干燥而透气。

除了上述秸秆肥的制作外，还可通过秸秆直接还田方式，达到使用秸秆肥的目的。

2. 秸秆肥的使用

（1）秸秆肥一般用作基肥，可潮湿施用。做追肥应覆土。半腐熟的肥料施用于生长期较长的作物，腐熟度高的秸秆肥施用于生长期较短的瓜果蔬菜等作物，沙性地用半腐熟的肥料，黏土地最好施用腐熟度高的肥料。

（2）秸秆肥中有机质十分丰富，氮、磷、钾养分较为均衡，还含有各种微量元素，是各种作物、各种土壤都适宜的常用肥料，具有提高产品品质、增加产量的显著效果。

四、绿肥

凡以植物的绿色部分耕翻入土壤当作肥料的均称为绿肥。作为肥料而栽培的作物叫绿肥作物。

1. 绿肥的优势

绿肥是中国传统的重要有机肥料之一，发展绿肥有如下好处。

(1) 来源广，数量大。由于绿肥种类多，适应性强，易栽培，农田荒地均可种植；鲜草产量高，一般亩产可达 1 000~2 000 千克，此外，还有大量的野生绿肥可供采集利用。

(2) 质量高，肥效好。绿肥作物有机质丰富，含有氮、磷、钾和多种微量元素等养分，它分解快，肥效迅速，一般含 1 千克氮素的绿肥，可增产稻谷、小麦 9~10 千克。

(3) 改良土壤，防止水土冲刷。由于绿肥含有大量有机质，能改善土壤结构，提高土壤的保水保肥和供肥能力；绿肥有茂盛的茎叶覆盖地面，能防止或减少水、土、肥的流失。

(4) 投资少，成本低。绿肥只需少量种子和肥料，就地种植，就地施用，节省人工和运输力，比化肥成本低。

(5) 综合利用，效益大。绿肥可作饲料喂牲畜，发展畜牧业，而畜粪可肥田，互相促进；绿肥还可作沼气原料，解决部分能源，沼气池肥也是很好的有机肥和液体肥；一些绿肥如紫云英等是很好的蜜源，可以发展养蜂。所以，发展绿肥能够促进农业全面发展。

2. 绿肥的种类

我国绿肥资源丰富，生产上应用普遍的品种有 500 多个。根据分类原则不同，有下列各种类型的绿肥。

(1) 按绿肥来源划分。可分为：①栽培绿肥，指人工栽培的绿作物；②野生绿肥，指非人工栽培的野生植物，如杂草、树叶、鲜嫩灌木等。

(2) 按植物学科划分。可分为：①豆科绿肥，其根部有根瘤，根瘤菌有固定空气中氮素的作用，如紫云英、苕子、豌豆、豇豆等；②非豆科绿肥，指一切没有根瘤的，本身不能固定空气中氮素的植物，如油菜、茹菜、金光菊等。

（3）按生长季节划分。可分为：①冬季绿肥，指秋冬插种，第二年春夏收割的绿肥，如鼠茅草、紫云英、苕子、茹菜、蚕豆等；②夏季绿肥，指春夏播种，夏秋收割的绿肥，如田菁、柽麻、竹豆、猪屎豆等。

（4）按生长期长短划分。可分为：①一年生或越年生绿肥，如柽麻、竹豆、豇豆、苕子等；②多年生绿肥，如鼠茅草、山毛豆、木豆、银合欢等。③短期绿肥，指生长期很短的绿肥，如绿豆、黄豆等。

（5）按生态环境划分。可分为：①水生绿肥，如水花生、水戎芦、水浮莲和绿萍；②旱生绿肥，指一切旱地栽培的绿肥；③稻底绿肥，指在水稻未收前种下的绿肥，如稻底紫云英、苕子等。

五、土杂肥

土杂肥是我国传统的农家肥料，资源广泛、种类繁多、积制容易、肥效好。按来源分，土杂肥分为各种泥肥、土肥、草木灰、屠宰场废弃物等。

1. 泥肥

泥肥是由降水或风等带着表土和有机物汇集到沟、河、坑塘、湖里沉淀并与水生动物的残体及排泄物等腐烂分解融合而成，包括沟泥、塘泥、河泥、坑泥、湖泥等。泥肥富含各种养分，但由于地区和来源的差异，养分含量也不相同，其养分平均含量为有机质4.56%、全氮0.22%、全磷0.13%、全钾1.87%。

泥肥是在长期嫌气条件下形成的，养分分解程度较差，速效养分含量较少；属迟效性肥料，可作基肥、追肥，也可与人粪尿、圈肥、绿肥等配合施用。

2. 土肥

土肥包括熏土、炕土、老墙土和地皮土等。

（1）熏土。用枯枝落叶、秸秆等作燃料，在适宜温度和少氧条件下，将富含有机物质的土块熏制而成，又叫熏肥、火粪、烧土等。熏土pH值一般在7.3左右，其养分平均含量为粗有机质11.6%、全氮0.37%、全磷0.12%、全钾1.20%。熏土可基施或追施，每亩施用量为 1 000~1 500 千克。

（2）炕土。在我国北方农村的土炕烟道土。炕土的 pH 值一般在 7.3 左右，其养分平均含量为粗有机物 17.94%、全氮 0.50%、全磷 0.13%、全钾 1.56%。炕土多用作春季追肥，每亩地施用量为 1 000 千克左右。

（3）老墙土和地皮土。老墙土为拆换下来的各类多年墙土，地皮土指经人、畜踩踏的地皮老土。老墙土和地皮土 pH 值平均在 7.3 左右，其养分平均含量为粗有机物 2.8%、全氮 0.26%、全磷 0.12%、全钾 1.55%。

3. 草木灰

植物体燃烧后的灰分称为草木灰，是我国农村零星积攒的一种肥源，也是农家肥中一种重要的钾肥。草木灰营养成分复杂，凡植物所含的矿质元素，草木灰中几乎都含有。其中以钾含量最高，一般含量为 6%~12%；磷次之，一般含量为 1.5%~3%；不同植物的灰分养分含量也有差异。

草木灰为碱性肥料，其中的养分易随水流失，应贮存在干燥避雨的地方，且不与硫酸铵、硝酸铵等铵态氮肥混存、混用，也不宜与人粪尿、家畜粪尿混存，以免引起铵态氮的损失。草木灰可作基肥、追肥，基施可采用沟施或穴施的方法，一般每亩施用量为 50~100 千克；作追肥时，可用草木灰浸出液进行根外追施。

4. 屠宰废弃物

屠宰废弃物主要包括兽毛、蹄角、废血、皮渣、废水等，把屠宰废弃物作为肥料合理利用，可起到减少环境污染，改善城乡卫生的作用。屠宰废弃物属迟效性肥料，不能直接施用，应经加工腐熟后再作基肥施用。

六、其他类肥

1. 饼肥

饼肥是油料作物籽实榨油后剩下的残渣，也叫油枯，是我国传统的优质农家肥，部分也是牲畜的优质饲料。饼肥的种类很多，主要品种有：大豆饼、油菜籽饼、芝麻饼、花生饼、棉籽饼和葵花籽饼，其次还有蓖麻饼、胡麻饼、桐籽饼、茶籽饼等。各种类型的饼肥中一般富含有机质、氮和相当数量的磷、钾与中、微量元素，其中钾素可被农作物直接吸收利用，而氮、磷分别存在于蛋白质和卵磷脂中，不能直接被利用，但由于饼肥的碳氮比较小，易分解，肥效反较其他有机肥易发挥。

根据饼肥的成分，利用上可分为两大类：一类是营养价值高，可作牲畜的饲料，如大豆饼、芝麻饼、花生饼等，应用上以过腹还田更为经济合理；另一类是含有毒素，如棉籽饼中含有棉酚。菜籽饼、茶籽饼中含有皂素，桐籽饼中含有桐酸和皂素，不宜作饲料，经综合利用后作肥料，但其中的菜籽饼和棉籽饼含副成分较少，处理后可作饲料。

2. 海肥

海肥是指利用海产物制成的肥料。我国沿海生物种类繁多，海产品加工的废弃物、非食用性的海生动植物，以及矿物性海泥等均可用来制作海肥。按制作材料的种类，海肥一般可分为：动物性海肥、植物性海肥、矿物性海肥三大类，三类海肥中以动物性海肥种类多、数量大、肥效最高。

3. 泥炭

泥炭又叫草炭、草木炭、草煤、泥煤、草筏子等，是古代低湿地带生长的植物残体，在淹水条件下形成相对稳定的松软堆积物，组成成分中有纤维素、半纤维素、沥青、腐殖酸、灰分等。泥炭的施用方法一般有：直接施用、垫圈、堆肥、菌肥载体和腐殖酸原料等形式。

直接施用：一般选用分解程度较高（30%以上），pH 值 6.0 以上，碳氮比值小，养分含量高的低位泥炭作追肥，每公顷施用量 3.75 万~7.5 万千克。

垫圈：泥炭吸水，吸氨性较强，以分解程度较弱的微酸性泥炭作垫圈材料优于黏土。

堆肥：低位泥炭最适宜制造泥炭堆肥。需要指出的是，高位泥炭酸性较强，不宜直接施用，宜沤制堆肥。堆肥方法同于普通堆肥。

菌肥载体：泥炭是细菌肥料的良好载体。先将泥炭风干、粉碎、调整酸碱度、灭菌等处理，即可接种各类菌剂。

制造腐殖酸肥料：泥炭中腐殖酸含量较高，是制造腐殖酸肥料的主要原料。

4. 农用城镇废弃物

随着资源和能源的大规模开发利用，不可避免地带来大量的废弃物（如城市垃圾、污水污泥、粉煤炭以及其他工业废渣等），如果不采取措施消除、净化、利用，将会污染环境，影响人畜健康。因此，我们应了解城镇废弃物的成分、性质，以及它们对环境污染的原因并采取相应的防治措施，变废为宝，为农业生产提供有用的肥料资源。

5. 沼气肥

沼气肥是将作物秸秆与人畜粪尿，在密闭的嫌气条件下，发酵制取沼气后，沤制而成的一种有机肥料，是一种缓速兼备的优质有机肥料。它不仅能解决农村能源，也是增加肥料、提高肥料质量的重要途径，而且是驱除粪臭、消灭蚊蝇等虫害的有效措施，对改善农村环境卫生条件，促进生态农业建设起到重要作用。

第三节 有机肥替代的方法

在现代农业生产中，有机肥料的施用不仅直接关系土壤质量、农作物的产量和品质、水体和大气环境质量，而且它还是种植业与养殖业之间的重要纽带，对促进农田生态系统和生物圈中的物质循环与能量转化也有重要作用。有机肥种类繁杂，性质各异，为了充分发挥有机肥的正向作用而尽量减少其负面影响，我们必须对各种有机肥的特性、在土壤中的转化过程及其对土壤、环境质量和农作物的影响有较清晰的了解，从而制定科学的施用规范。

一、合理的比例

有机替代是部分替代，而不是全量替代，有机无机要有合理的比例。化肥在粮食供给和农产品数量保障上作出了重大贡献，特别是我国人多耕地少，粮食安全和农产品供应是政府的头等大事，是列入政府专项考核的，粮食安全实行书记负责制，"菜篮子"实行市长负责制。

合理利用化肥,使我国的粮食产量从新中国成立前的100千克/亩提升到500千克/亩,部分高产田达到了1 000千克/亩,有效地解决了吃粮问题,也使我国从粮食缺口国逐步实现自给自足。在目前的情况下,粮食产量虽然实现了"十一连增",但粮食安全仍然是政府所关注的,放松不得。粮食作物在生长过程中需求的养分较多,单靠施用有机肥是不能满足作物生长需要的,也不能实现产量的最大化,同时由于土壤养分的不及时补充,容易产生土壤的贫瘠,不利于农业的可持续发展。为满足作物生长、实现农业的可持续发展,肥料的有机、无机养分投入必须要有一个适宜的比例,用有机肥部分替代化肥,一方面实现化肥的减量,另一方面确保农产品的有效供给和农业的可持发展,一般有机无机的比例以6:4或5:5比较适宜。

二、施用的数量和方法

有机肥要科学、合理施用,掌握量和方法,不是盲目、无限量的投入。有机肥不是没有污染,过量施用有机肥造成的污染不比化肥少,有机肥的污染是多方面的,包括氮、磷养分,抗生素、重金属和病原菌。据观察,通过大量使用商品有机肥,土壤的次生盐渍化、表层富营养化等土壤障碍越来越严重。另外对土壤的重金属也有累积效应。

作物秸秆是很好的有机肥,但如果不合理地还田,将严重影响下季作物的生长。因为秸秆主要是纤维素,含碳量较高,作物秸秆还田后进行腐解要有适宜的碳氮比,若碳氮比高,秸秆分解中要夺取施入的氮肥或土壤中的氮肥,导致作物缺氮而生长不良,因此为满足作物生长,还得适当增加氮肥的用量。秸秆在淹水条件下腐解将释放大量的有机酸,导致作物有机酸中毒,严重影响根系生长,因此要适当落干,提高土壤的供氧量,加大有机酸分解,减轻有机酸为害。

绿肥是一种养分完全的生物肥源。但因其鲜叶生物量大,还田时的成本高,同时还田时要给予下茬作物种植留有足够的绿肥腐熟时间。只有腐熟较完全的情况下,开始种植下茬作物,才能不影响下茬作物的生长。作物布局时间紧,没有足够的腐熟时间,在鲜叶还田时应采取一些田间管理措施,如增加氮、磷肥,促进绿肥腐熟;种植作物后,适时干干湿湿,增加土壤的氧气,改善土壤环境,减轻有机酸等还原性物质的为害。

考虑化肥减量水平及有机肥当季利用率前提下,计算有机肥的投入量。要根据生产需要及化肥减量的要求,来确定有机肥的投入量。一般化肥减量以减少氮肥施用为主,在土壤磷、钾供应水平较高的情况下,也可考虑磷、钾的减量,以确保作物产量与前3年持平的前提下,一般当季的减肥水平以15%~20%为宜。如减肥水平太高,可能影响作物产量,达不到稳产的要求,化肥减量的意义就没有了,化肥减量不能以减产为代价。有机肥的当季利用率一般在30%左右,因此,在折算有机肥养分时,不能算入有机肥的全部养分,只有当季能利用的养分才能替代化肥。

三、有机肥施用的注意事项

在施用上应特别注意以下几点。

一是有机肥所含养分较全面,但并不平衡,不能完全满足各种作物对养分的不同需求。有机肥料所含养分种类较多,与养分单一的化肥相比是优点,但是它的养分含量低,也存在供应不平衡问题,不能满足作物高产、优质、增收的需要。在施用有机肥时应根据作物对养分的要求配施化肥,做到平衡施肥,即使生产绿色食品的农田也要配施矿物肥料,并在作物生长期间根据实际情况喷施各种叶面肥,确保作物正常生长发育。

二是有机肥肥效迟缓。有机肥不仅总养分含量较低,而且肥效迟缓,在有机肥施用量不是很大的情况下,很难满足农作物对营养元素的需要。因此,要利用化肥养分含量高、肥效迅速的优点,将有机肥与化肥配合施用,缓急相济,取长补短,发挥混合优势,满足农作物生长发育过程中对各种营养元素在数量和时间上的需求。

三是有机肥需经过发酵处理。许多有机肥料带有病菌、虫卵和杂草种子,有些有机肥料中含有不利于作物生长的有机化合物,所以均应经过堆沤发酵、加工处理后才能施用,生粪不能下地。

四是有机肥原料之间存在着组成、性质上的差异,从而施入土壤后,对土壤、作物的作用也存在差异。因此,应根据种植土壤的质地、气候以及种植作物的生长习性、需肥特性,选择合适的有机肥料进行合理施肥。例如,人粪尿中含有大量的氯离子,对忌氯作物应避免施用。

五是施用有机肥并不是越多越好。有机肥体积大,含养分低,需大量施用才能满足作物的生长需求,但并不是越多越好。因为有机肥料与化学肥料一样,在农业生产中也存在计量施用的问题。如果有机肥的用量太多,不仅是一种浪费,而且也可造成土壤障碍,影响作物生长发育。如在保护地栽培中,若长期大量施用有机肥,也可导致土壤营养元素过剩,土壤盐渍化,从而引起农产品生长不良、硝酸盐含量超标、品质下降等问题。因此,生产中有机肥的施用量应根据土壤中各种养分及有机质的消耗情况合理使用,做到配方施肥、科学施肥。

六是有机肥施用方法要得当。有机肥应采用开沟条施或挖坑穴施,进行集中施肥,施后及时覆土;若采用撒施,施后应翻入土壤。一般将有机肥与化肥混合施用,效果更佳。如过磷酸钙与有机肥拌施,能大大提高肥效。

七是腐熟的有机肥不宜与碱性肥料混用,若与碱性肥料混合,会造成氨的挥发,降低有机肥肥效。

第四节　主要作物有机肥替代化肥技术

一、苹果有机肥替代化肥技术[①]

(一)"有机肥+配方肥"模式

1. 基肥

基肥施用最适宜的时间是9月中旬到10月中旬,对于"红富

---

① 种植业管理司.2019年果菜茶有机肥替代化肥技术指导意见.2019-09-16.

士"等晚熟品种，可在采收后马上进行，越早越好。

基肥施肥类型包括有机肥、土壤改良剂、中微肥和复合肥等。有机肥的类型及用量为：农家肥（腐熟的羊粪、牛粪等）2 000千克（约6方）/亩，或优质生物肥500千克/亩，或饼肥200千克/亩，或腐殖酸100千克/亩，或黄腐酸100千克/亩。土壤改良剂和中微肥建议硅钙镁钾肥50~100千克/亩、硼肥1千克/亩左右、锌肥2千克/亩左右。复合肥建议采用高氮高磷中钾型复合肥，但在腐烂病发病重和黄土高原区域可采用平衡型如15-15-15（或类似配方），用量50~75千克/亩。

基肥施用方法为沟施或穴施。沟施时沟宽30厘米左右、长度50~100厘米、深40厘米左右，分为环状沟、放射状沟以及株（行）间条沟。穴施时根据树冠大小，每株树4~6个穴，穴的直径和深度为30~40厘米。每年交换位置挖穴，穴的有效期为3年。施用时要将有机肥等与土充分混匀。

2. 追肥

追肥建议3~4次，第一次在3月中旬至4月中旬建议施一次硝酸铵钙（或25-5-15硝基复合肥），施肥量30~45千克/亩；第二次在6月中旬建议施一次平衡型复合肥（15-15-15或类似配方），施肥量30~45千克/亩；第三次在7月中旬至8月中旬，施肥类型以高钾（前低后高）配方为主（如前期16-6-26，后期10-5-30，或类似配方），施肥量25~30千克/亩，配方和用量要根据果实大小灵活掌握，如果个头够大（如红富士在7月初达到直径65~70厘米、8月初直径达到70~75厘米）则要减少氮素比例和用量，否则可适当增加。

（二）"果—沼—畜"模式

1. 沼渣沼液发酵

根据沼气发酵技术要求，将畜禽粪便、秸秆、果园落叶、粉碎枝条等物料投入沼气发酵池中，按1∶10的比例加水稀释，再加入复合微生物菌剂，对其进行腐熟和无害化处理，充分发酵后经干湿分离，分沼渣和沼液直接施用。

2. 基肥

沼渣每亩施用 3 000~5 000 千克、沼液 50~100 立方米；苹果专用配方肥选用平衡型（15-15-15 或类似配方），用量 50~75 千克/亩；另外每亩施入硅钙镁钾肥 50 千克左右、硼肥 1 千克左右、锌肥 2 千克左右。秋施基肥最适时间在 9 月中旬到 10 月中旬，对于晚熟品种如富士，建议在采收后马上施肥、越早越好。采用条沟（或环沟）法施肥，施肥深度在 30~40 厘米，先将配方肥撒入沟中，然后将沼渣施入，沼液可直接施入或结合灌溉施入。

3. 追肥

同"有机肥+配方肥"模式的追肥。

(三)"有机肥+生草+配方肥+水肥一体化"模式

1. 果园生草

果园生草一般在果树行间进行，可人工种植，也可自然生草后人工管理。人工种草可选择高羊茅、黑麦草、早熟禾、毛叶苕子和鼠茅草等，播种时间以 9 月中旬最佳，早熟禾、高羊茅和黑麦草也可在春季 3 月初播种。播种深度为种子直径的 2~3 倍，土壤墒情要好，播后喷水 2~3 次。自然生草果园行间不进行中耕除草，由马唐、稗、光头稗、狗尾草等当地优良野生杂草自然生长，及时拔除豚草、苋菜、藜、苘麻、葎草等恶性杂草。不论人工种草还是自然生草，当草长到 30~40 厘米时要进行刈割，割后保留 10 厘米左右，割下的草覆于树盘下，每年刈割 2~3 次。

2. 基肥

基肥施用时间和方法同"有机肥+配方肥模式"。

农家肥（腐熟的羊粪、牛粪等）1 500 千克（约 5 方）/亩，或优质生物肥 400 千克/亩，或饼肥 150 千克/亩，或腐殖酸 100 千克/亩,或黄腐酸 100 千克/亩。土壤改良剂和中微肥建议硅钙镁钾肥 50~100 千克/亩、硼肥 1 千克/亩左右、锌肥 2 千克/亩左右。复合肥建议采用高氮高磷中钾型复合肥，但在腐烂病发病重和黄土高原区域可采用平衡型如 15-15-15（或类似配方），用量 50~75 千克/亩。

3. 水肥一体化

亩产 3 000 千克苹果园水肥一体化追肥量一般为：纯氮（N）9~15 千克，纯磷（P_2O_5）4.5~7.5 千克，纯钾（K_2O）10~17.5 千克，各时期氮、磷、钾施用比例如表 3-2 所示。

表 3-2　盛果期苹果树灌溉施肥计划

生育时期	灌溉次数	灌水定额 [立方米/ （亩·次）]	每次灌溉加入养分占总量比例（%）		
			N	P_2O_5	K_2O
萌芽前	1	25	20	20	0
花前	1	20	10	10	10
花后 2~4 周	1	25	15	10	10
花后 6~8 周	1	25	10	20	20
果实膨大期	1	15	5	0	10
	1	15	5	0	10
	1	15	5	0	10
采收前	1	15	0	0	10
采收后	1	20	30	40	20
封冻前	1	30	0	0	0
合计	10	205	100	100	100

注：对黄土高原地区，应采用节水灌溉模式，总灌水定额在 150~170 立方米/亩，另外在雨季如果土壤湿度可以，则用少量水仅仅施肥即可。

（四）"有机肥+覆草+配方肥"模式

1. 果园覆草

果园覆草的适宜时期 3 月中旬到 4 月中旬。覆盖材料因地制宜，作物秸秆、杂草、花生壳等均可采用。覆草前要先整好树盘，浇一遍水，施一次速效氮肥（每亩约 5 千克）。覆草厚度以常年保持在 15~20 厘米为宜。覆草适用于山丘地、沙土地，土层薄的地块效果尤其明显，黏土地覆草由于易使果园土壤积水、引起旺长或烂根，不宜采用。另外，树干周围 20 厘米左右不覆草，以防积水影响根颈透气。冬季较冷地区深秋覆一次草，可保护根系安全越冬。覆草果园要注意防火。风大地区可零星在草上压土、石块、木棒等防止草被大风吹走。

2. 基肥

基肥施用时间和方法同"有机肥+配方肥模式"。

基肥施肥类型包括有机肥、土壤改良剂、中微肥和复合肥等。有机肥的类型及用量为：农家肥（腐熟的羊粪、牛粪等）2 000 千克（约 6 立方米）/亩，或优质生物肥 500 千克/亩，或饼肥 200 千克/亩，或腐殖酸 100 千克/亩，或黄腐酸 100 千克/亩。土壤改良剂和中微肥建议硅钙镁钾肥 50~100 千克/亩、硼肥 1 千克/亩左右、锌肥 2 千克/亩左右。复合肥建议采用高氮高磷中钾型复合肥，但在腐烂病发病重和黄土高原区域可采用平衡型如 15-15-15（或类似配方），用量 50~75 千克/亩。

3. 追肥

同"有机肥+配方肥"模式的追肥。

二、柑橘有机肥替代化肥技术[①]

（一）"有机肥+配方肥"模式

1. 秋冬季施肥

目标产量为每亩 2 000~3 000 千克的柑橘园，每亩施用商品有机肥（含生物有机肥）300~500 千克，或牛粪、羊粪、猪粪等经过充分腐熟的农家肥 2~4 立方米，或豆粕、豆饼类腐熟有机肥 300~400 千克；同时配合施用 45%（16-14-15 或相近配方）配方肥 30~35 千克。赣南—湘南—桂北柑橘带和浙—闽—粤柑橘带注意补充镁、钙肥，每亩施用硅钙镁肥或者钙镁磷肥 30~50 千克（或者施用硫酸镁 30 千克左右）；长江上游柑橘带注意补充锌和硼肥，每亩施用硫酸锌 2 千克左右、硼砂 1 千克左右。

晚熟或越冬品种秋基肥在果实转色期或套袋前后施用，一般是 9 月；早熟品种在采收后施用，中熟品种在采收前后施用，一般在 11 月下旬之前施用。采用条沟或穴施，施肥深度 20~30 厘米或结

---

① 种植业管理司.2019 年果菜茶有机肥替代化肥技术指导意见.2019-09-16.

合深耕施用。

2. 春季施肥

早中熟品种 2 月下旬至 3 月上旬施用；3—4 月收获的晚熟品种，建议在 3 月底之前施用，越早越好；确因采收前施肥操作困难，在采收后马上施春肥、越快越好。选用 45%（20-13-12 或相近配方）的高氮中磷中钾型配方肥，每亩用量 35~40 千克；配合 200~300 千克/亩优质有机肥施用，化肥减量 10%~15%；秋季有机肥施用不足的果园应在春季补施。施肥方法采用条沟、穴施，施肥深度 10~20 厘米。注意补充硼肥和锌肥。

3. 夏季施肥

在 6—8 月果实膨大期分次施用。选择 45%（18-5-22 或相近配方）配方肥，每亩施用量 40~50 千克。施肥方法采用条沟、穴施或对水浇施，施肥深度在 10~20 厘米。缺钙的果园，在幼果期喷 2~3 次 0.3% 的钙肥；缺镁果园，在幼果期每亩施用硫酸镁 20~30 千克。

（二）"绿肥+自然生草"模式

1. 柑橘园生草栽培

秋季在柑橘园播种苕子、山蚂豆、箭筈豌豆等豆科绿肥，每亩播种量 2~4 千克，于 9 月至 10 月上旬在降雨后土壤湿润的情况下均匀撒播于行间（一般在距离树基 0.5 米以外撒播），于翌年春天 3—4 月刈割翻压或者覆盖作为肥料，或者让绿肥自然枯萎覆盖于柑橘园。5—8 月橘园自然生草，当草生长到 40 厘米左右或季节性干旱来临前适时刈割后覆盖在行间和树盘，起到保水、降温、改土培肥等作用。

2. 春季施肥

3 月在绿肥翻压的同时配合施用配方肥。选用高氮中磷中钾型配方肥 45%（20-13-12 或相近配方），每亩用量 30 千克左右；施肥方法采用条沟、穴施，施肥深度 10~20 厘米。注意补充硼肥和锌肥。

3. 夏季施肥

通常在 6—8 月果实膨大期分次施用。选择 45%（18-5-22 或相近配方）配方肥，每亩用量40~50千克。施肥方法采用条沟、穴施或对水浇施，施肥深度在10~20厘米。缺钙的果园，在幼果期喷2~3次0.3%的钙肥；缺镁果园，在幼果期每亩施用硫酸镁20~30千克。

4. 秋冬季施肥

于9月下旬至11月下旬施用，选择45%（14-16-15或相近配方）配方肥，每亩用量30~35千克。种植绿肥鲜草达到2 000千克以上的柑橘园，可以不施用其他有机肥。绿肥产量较小的柑橘园适量施用有机肥。

每亩施用商品有机肥（含生物有机肥）200~300千克，或牛粪、羊粪、猪粪等经过充分腐熟的农家肥1~2立方米。采用条沟或穴施，施肥深度在20~30厘米，或结合深耕施用。

（三）"果—沼—畜"模式

1. 沼渣沼液发酵

根据沼气发酵技术要求，将畜禽粪便归集于沼气发酵池中，进行腐熟和无害化处理，后经干湿分离，分沼渣和沼液施用。沼液采用机械化或半机械化灌溉技术直接入园施用，沼渣于秋冬季做基肥施用。

2. 春季施肥

2月下旬至3月下旬施用。选用45%（20-13-12或相近配方）高氮中磷中钾型配方肥，每亩施用30~40千克；采用条沟法施用，施肥深度在15~20厘米，同时结合灌溉追入沼液30~40立方米。

3. 夏季施肥

在6—8月果实膨大期分次施用。选择45%（18-5-22或相近配方）配方肥，每亩用量35~45千克。施肥方法采用条沟施用，同时结合灌溉追入沼液20~30立方米。

4. 秋冬季施肥

每亩施用沼渣3 000~5 000千克。同时配合施用45%（14-16-15或相近配方）配方肥30~35千克。于9月下旬到11月下旬施用，采用条沟或环沟法施肥，施肥深度在20~30厘米。沼渣施入沟中，再撒入配方肥，混匀后覆土。

（四）"有机肥+水肥一体化"模式

1. 秋冬季施肥

每亩施用商品有机肥（含生物有机肥）300~500千克，或牛粪、羊粪、猪粪等经过充分腐熟的农家肥2~4立方米；于9月下旬到11月下旬施用，采用条沟或穴施，施肥深度20~30厘米或结合深耕施用。

2. 水肥一体化

盛果期柑橘园，肥料供应量主要依据目标产量和土壤肥力而定，水肥一体化通过提高肥料利用率比常规施肥推荐节约肥料，目标产量为每亩2 000~3 000千克的柑橘园，每亩氮磷钾肥需求量分别为15~18千克、7~9千克和12~15千克。灌溉施肥各时期氮、磷、钾肥施用比例如表3-3。

表3-3 盛果期柑橘树灌溉施肥计划

生育时期	灌溉次数	灌水定额 [立方米/ （亩·次）]	每次灌溉加入养分占总量比例（%）		
			N	P_2O_5	K_2O
萌芽前	1	9	15	20	10
初花期	1	6	10	10	5
幼果期	1	6	5	10	5
夏梢萌动期	1	6	5	5	10
	1	9	15	5	15
果实膨大期	1	9	15	5	15
	1	9	15	5	
转色期	1	6	5	15	15
采收后	1	9	15	25	10
合计	9	69	100	100	100

三、设施蔬菜有机肥替代化肥技术[1]

(一)"有机肥+配方肥"模式

1. 设施番茄

(1) 基肥。移栽前,每亩基施猪粪、鸡粪、牛粪等经过充分腐熟的优质农家肥3~4立方米,或商品有机肥(含生物有机肥)350~400千克,同时基施45%(18-18-9或相近配方)的配方肥30~40千克。

(2) 追肥。每次每亩追施45%(15-5-25或相近配方)的配方肥6~10千克,分7~10次随水追施。施肥时期为苗期、开花坐果期、果实膨大期,根据收获情况,每收获1~2次追施1次肥。

2. 设施黄瓜

(1) 基肥。移栽前,每亩基施猪粪、鸡粪、牛粪等经过充分腐熟的优质农家肥4~5立方米,或施用商品有机肥(含生物有机肥)400~450千克,同时基施45%(18-18-9或相近配方)的配方肥40~50千克。

(2) 追肥。每次每亩追施45%(17-5-23或相近配方)的配方肥7~10千克。追肥时期为三叶期、初瓜期、盛瓜期,初花期以控为主,根据收获情况每收获1~2次追施1次肥。秋冬茬和冬春茬共分7~9次追肥,越冬长茬共分10~14次追肥。

3. 设施辣椒

(1) 基肥。移栽前,每亩基施猪粪、鸡粪、牛粪等经过充分腐熟的优质农家肥2~3立方米,或施用商品有机肥(含生物有机肥)300~350千克,同时基施45%(18-18-9或相近配方)的配方肥25~30千克。

(2) 追肥。每次每亩追施45%(15-5-25或相近配方)的配方肥10~16千克,分3~5次随水追施。追肥时期为苗期、开花坐果期、果实膨大期。根据收获情况每收获1~2次追施1次肥。

---

[1] 种植业管理司.2019年果菜茶有机肥替代化肥技术指导意见.2019-09-16.

4. 设施草莓

（1）基肥。移栽前，每亩基施猪粪、鸡粪、牛粪等经过充分腐熟的优质农家肥1.5~2立方米，或施用商品有机肥（含生物有机肥）250~300千克，同时基施45%（14-16-15或相近的配方）的配方肥30~40千克。

（2）追肥。苗期和花期每次每亩追施45%（15-15-15或相近的配方）的配方肥10~15千克，分3~4次随水追施。果期每次每亩追施45%（15-5-25或相近配方）的配方肥8~10千克，分6~8次随水追施。

5. 设施西甜瓜

（1）基肥。移栽前，每亩基施猪粪、鸡粪、牛粪等经过充分腐熟的优质农家肥2~3立方米，或商品有机肥（含生物有机肥）300~350千克，同时基施45%（21-12-12或相近配方）的配方肥25-30千克。

（2）追肥。在伸蔓坐瓜期，每次每亩追施45%（20-5-20或相近配方）的配方肥3~5千克，分2~3次随水追施；在果实膨大期，每次每亩追施45%（15-5-25或相近配方）的配方肥10~15千克，分2~3次随水追施。

（二）"菜—沼—畜"模式

1. 沼渣沼液发酵

将畜禽粪便、蔬菜残茬和秸秆等物料投入沼气发酵池中，按1∶10的比例加水稀释，再加入复合微生物菌剂，对畜禽粪便、蔬菜残茬和秸秆等进行无害化处理生产沼气，充分发酵后的沼渣、沼液直接作为有机肥施用在设施菜田中。

2. 设施番茄

（1）基肥。每亩施用沼渣3.5~5立方米，或用猪粪、鸡粪、牛粪等经过充分腐熟的优质农家肥3~4立方米，或商品有机肥（含生物有机肥）350~400千克，同时根据有机肥用量，基施45%（14-16-15或相近配方）的配方肥40~50千克。

（2）追肥。在番茄苗期、初花期，结合灌溉分别冲施沼液每亩0.5~1立方米；在坐果期和果实膨大期，结合灌溉将沼液和配方肥分5~8次追施。其中沼液每次每亩追施0.5~1立方米，45%（15-5-25或相近配方）的配方肥每次每亩施用5~8千克。

3. 设施黄瓜

（1）基肥。每亩施用沼渣4~5.5立方米，或用猪粪、鸡粪、牛粪等经过充分腐熟的优质农家肥4~5立方米，或商品有机肥（含生物有机肥）400~450千克，同时根据有机肥用量，基施45%（14-16-15或相近配方）的配方肥50~60千克。

（2）追肥。在黄瓜的苗期、初花期，结合灌溉分别冲施沼液每亩0.5~1立方米。在初瓜期和盛瓜期，结合灌溉将沼液和配方肥分8~12次追施。其中每次每亩追施沼液0.5~1立方米、45%（17-5-23或相近配方）的配方肥3~5千克。

4. 设施辣椒

（1）基肥。每亩施用沼渣2.5~3立方米，或用猪粪、鸡粪、牛粪等经过充分腐熟的优质农家肥2~3立方米，或商品有机肥（含生物有机肥）300~350千克，同时根据有机肥用量，基施45%（14-16-15或相近配方）的配方肥30~40千克。

（2）追肥。在辣椒苗期、初花期，结合灌溉分别冲施沼液每亩0.5~1立方米；在坐果期和果实膨大期，结合灌溉将沼液和配方肥分3~5次追施。其中沼液每次每亩追施0.5~1立方米、45%（15-5-25或相近配方）的配方肥每次每亩施用7~10千克。

5. 设施草莓

（1）基肥。每亩施用沼渣2~2.5立方米，或用猪粪、鸡粪、牛粪等经过充分腐熟的优质农家肥1.5~2立方米，或商品有机肥（含生物有机肥）250~300千克，同时根据有机肥用量，基施45%（14-16-15或相近的配方）的配方肥30~40千克。

（2）追肥。在草莓苗期、初花期，结合灌溉冲施沼液每亩0.5~1立方米，分3~4次施用；果实膨大期，结合灌溉将沼液和配方肥分6~8次追施，其中沼液每次每亩追施3~4立方米、45%（15-5-25或相近配方）的配方肥每次每亩施用6~8千克。

6. 设施西甜瓜

（1）基肥。每亩施用沼渣2.5~3立方米，或用猪粪、鸡粪、牛粪等经过充分腐熟的优质农家肥2~3立方米，或商品有机肥（含生物有机肥）300~350千克，同时根据有机肥用量，基施45%（21-12-12或相近配方）的配方肥25~30千克。

（2）追肥。在伸蔓坐瓜期，结合灌溉冲施沼液2~3次，每次每亩0.5~1立方米；在果实膨大期，结合灌溉将沼液和配方肥分2~3次追施。其中沼液每次每亩追施0.5~1立方米、45%（15-5-25或相近配方）的配方肥每次每亩施用12~15千克。

（三）"有机肥+水肥一体化"模式

1. 设施番茄

（1）基肥。移栽前每亩基施猪粪、鸡粪、牛粪等经过充分腐熟的优质农家肥3~4立方米，或商品有机肥（含生物有机肥）用量350~400千克，同时根据有机肥用量基施45%（18-18-9或相近配方）的配方肥30~40千克。

（2）追肥。定植后前两次只灌水，不施肥，灌水量为每亩15~20立方米。苗期每次每亩推荐施用50%（20-10-20或相近配方）的水溶肥3~5千克，每隔5~10天灌水施肥1次，灌水量为每次每亩10~15立方米，共3~5次；开花坐果期和果实膨大期每次每亩施用54%（19-8-27或相近配方）水溶肥2~3.5千克，灌水量为每亩5~15立方米，每隔7~10天1次，共10~15次。注意秋冬茬前期（8—9月）灌水施肥频率较高，而冬春茬在果实膨大期（4—5月）灌水施肥频率较高。

2. 设施黄瓜

（1）基肥。移栽前，每亩基施猪粪、鸡粪、牛粪等经过充分腐熟的优质农家肥4~5立方米，或商品有机肥（含生物有机肥）450~500千克，同时根据有机肥用量基施45%（18-18-9或相近配方）的配方肥40~50千克。

（2）追肥。定植后前两次只灌水，不施肥，每次每亩灌水量为15~20立方米。苗期推荐配方为50%（20-10-20或相近配方）的水溶肥，每次每亩用量为3~5千克，每隔5~6天灌水施肥1次，每次每亩灌水量为10~15立方米，共3~5次；在开花坐果后，每次采摘结合灌溉施用配方为49%（18-6-25或相近配方）的水溶肥，每次每亩用量为3~5千克，每次每亩灌溉量为10~15立方米，共8~15次。

3. 设施辣椒

（1）基肥。移栽前，每亩基施猪粪、鸡粪、牛粪等经过充分腐熟的优质农家肥2~3立方米，或商品有机肥（含生物有机肥）300~350千克，同时根据有机肥用量基施45%（18-18-9或相近配方）的配方肥25~30千克。

（2）追肥。定植后前两次只灌水，不施肥，每次每亩灌水量为15~20立方米。苗期、初花期推荐配方为55%（21-10-24或相近的配方）的水溶肥，每次每亩用量为3~5千克，每隔5~10天灌水施肥1次，灌水量为每亩10~15立方米，共2~3次；在坐果期、果实膨大期推荐配方为51%（18-7-30或相近的配方）的水溶肥，每次每亩用量为6~10千克，每次每亩灌溉量为10~15立方米，共3~5次。

4. 设施草莓

（1）基肥。移栽前，每亩基施猪粪、鸡粪、牛粪等经过充分腐熟的优质农家肥1.5~2立方米，或商品有机肥（含生物有机肥）250~300千克，同时根据有机肥用量基施45%（14-16-15或相近的配方）的配方肥30~40千克。

（2）追肥。定植后前两次只灌水，不施肥，每次每亩灌水量为2~3立方米。苗期和花期推荐配方为50%（24-8-18或相近的配方）的水溶肥，每次每亩用量为2~3千克，每隔7~10天灌水施肥1次，每次每亩灌水量为2~3立方米，共5~7次；在果期推荐配方为55%（18-6-31或相近配方）的水溶肥，每次每亩用量为2~3千克，每隔5~7天灌水施肥1次，每次每亩灌水量为1.5~2立方米，共25~30次。

5. 设施西甜瓜

（1）基肥。移栽前，每亩基施猪粪、鸡粪、牛粪等经过充分腐熟的优质农家肥2~3立方米，或商品有机肥（含生物有机肥）300~350千克，同时根据有机肥用量基施45%（21-12-12或相近的配方）的配方肥25~30千克。

(2) 追肥。定植后前两次只灌水，不施肥，每次每亩灌水量为 2~3 立方米。在伸蔓坐瓜期，推荐配方为 50%（21-6-23 或相近的配方）的水溶肥，每次每亩用量为 2~3 千克，每隔 7~10 天灌水施肥 1 次，每次每亩灌水量为 2~3 立方米，共 2~3 次；在膨果期，推荐配方为 52%（16-6-30 或相近配方）的水溶肥，每次每亩用量为 8~10 千克，每隔 5~7 天灌水施肥 1 次，每次每亩灌水量为 1.5~2 立方米，共 3~5 次。

(四)"秸秆生物反应堆"模式

秸秆生物反应堆构建

1. 操作时间

晚秋、冬季、早春建行下内置反应堆，如果不受茬口限制，最好在作物定植前 10~20 天做好，浇水、打孔待用。晚春和早秋可现建现用。

2. 行下内置式反应堆

在小行（定植行）位置，挖一条略宽于小行宽度（一般 70 厘米）、深 20 厘米的沟，把秸秆填入沟内，铺匀、踏实，填放秸秆高度为 30 厘米，两端让部分秸秆露出地面（以利于往沟里通氧气），然后把 150~200 千克饼肥和用麦麸拌好的菌种均匀地撒在秸秆上，再用铁锨轻拍一遍，让部分菌种漏入下层，覆土 18~20 厘米。然后在大行内浇大水湿透秸秆，水面高度达到垄高的 3/4。浇水 3~4 天后，在垄上用 14#钢筋打 3 行孔，行距 20~25 厘米，孔距 20 厘米，孔深以穿透秸秆层为准，等待定植。

3. 行间内置式反应堆

在大行间，挖一条略窄于小行宽度（一般 50~60 厘米）、深 15 厘米的沟，将土培放垄背上，或放两头，把提前准备好的秸秆填入沟内，铺匀、踏实，高度为 25 厘米，南北两端让部分秸秆露出地面，然后把用麦麸拌好的菌种均匀地撒在秸秆上，再用铁锨轻拍一遍，让部分菌种漏入下层，覆土 10 厘米。浇水湿透秸秆，然后及时打孔即可。

4. 注意事项

一是秸秆用量要和菌种用量搭配好，每 500 千克秸秆用菌种 1

千克；二是浇水时不要冲施化学农药，特别要禁冲杀菌剂，但作物上可喷农药预防病虫害；三是浇水浇大管理行，浇水后4~5天要及时打孔，用14#钢筋每隔25厘米打一个孔，要打到秸秆底部，浇水后孔被堵死要再打孔，地膜上也要打孔。每次打孔要与前次打的孔错位10厘米，生长期内保持每月打一次孔；四是减少浇水次数，一般常规栽培浇2~3次水的，用该项技术只浇一次水即可。有条件的，用微灌控水增产效果最好。在第一次浇水湿透秸秆的情况下，定植时不要再浇大水，只浇小缓苗水。

施肥建议

1. 设施番茄

（1）基肥。基肥采用配方为45%（18-18-9或相近配方）的配方肥，每亩用量为30~40千克，施用方式为穴施。

（2）追肥。追肥采用45%（15-5-25或相近配方）的配方肥，每次每亩施用6~10千克，分7~10次随水追施。施肥时期为苗期、开花坐果期、果实膨大期，根据收获情况，每收获1~2次追施1次肥。

2. 设施黄瓜

（1）基肥。基肥采用配方为45%（18-18-9或相近配方）的配方肥，每亩用量为40~50千克，施用方式为穴施。

（2）追肥。追肥配方为45%（17-5-23或相近的配方），每次每亩施用7~10千克，初花期以控为主，秋冬茬和冬春茬分7~9次追肥，越冬长茬分10~14次追肥。追肥时期为三叶期、初瓜期、盛瓜期，盛瓜期根据收获情况每收获1~2次追施1次肥。

3. 设施辣椒

（1）基肥。基肥采用配方为45%（18-18-9或相近配方）的配方肥，每亩用量为25~30千克，施用方式为穴施。

（2）追肥。追肥配方为45%（15-5-25或相近的配方）的配方肥，每次每亩施用10~16千克，分3~5次随水追施。追肥时期为苗期、开花坐果期、果实膨大期，根据收获情况，每收获1~2次追施1次肥。

四、茶树有机肥替代化肥技术①

(一)"有机肥+配方肥"模式

1. 名优绿茶茶园

基肥：9月底至10月中旬，100千克/亩腐熟饼肥或150~200千克商品畜禽粪有机肥、30~50千克/亩茶树专用肥（18-8-12或相近配方），有机肥和专用肥拌匀后开沟15~20厘米或结合深耕施用。

第一次追肥：尿素8~10千克/亩，白、黄叶突变体品种（如白叶一号、黄金芽等）茶园尿素4~5千克/亩，春茶开采前40~50天，开浅沟5~10厘米施用，或表面撒施+施后浅旋耕（5~8厘米）混匀。

第二次追肥：春茶结束重修剪前或6月下旬，尿素8~10千克/亩开浅沟5~10厘米施用，或表面撒施+施后浅旋耕（5~8厘米）混匀。

2. 大宗绿茶、黑茶

基肥：9月底至10月中旬，200~300千克/亩商品畜禽粪有机肥、30~50千克/亩茶树专用肥（18-8-12或相近配方），有机肥和专用肥拌匀后开沟15~20厘米或结合深耕施用。

第一次追肥：春茶开采前30~40天，尿素8~10千克/亩，开浅沟5~10厘米施用，或表面撒施+施后浅旋耕（5~8厘米）混匀。

第二次追肥：春茶结束后，尿素8~10千克/亩开浅沟5~10厘米施用，或表面撒施+施后浅旋耕（5~8厘米）混匀。

第三次追肥：夏茶结束后，尿素8~10千克/亩开浅沟5~10厘米施用，或表面撒施+施后浅旋耕（5~8厘米）混匀。

高产茶园或生产季节较长地区，在第二次追肥中配施20~30千克/亩茶树专用肥，并根据茶树生长情况在8月中下旬进行第四次追肥，尿素8~10千克/亩开浅沟5~10厘米施用，或表面撒施+施

---

① 种植业管理司. 2019年果菜茶有机肥替代化肥技术指导意见. 2019-09-16.

后浅旋耕（5~8厘米）混匀。

3. 乌龙茶茶园

基肥：10月中下旬，100~200千克/亩腐熟饼肥或200~300千克商品畜禽粪有机肥、30千克/亩茶树专用肥（18-8-12或相近配方），有机肥和专用肥拌匀后开沟15~20厘米或结合深耕施用。

第一次追肥：春茶开采前20~30天，尿素8~10千克/亩，开浅沟5~10厘米施用，或表面撒施+施后浅旋耕（5~8厘米）混匀。

第二次追肥：春茶结束后，尿素8~10千克/亩开浅沟5~10厘米施用，或表面撒施+施后浅旋耕（5~8厘米）混匀。

第三次追肥：夏茶结束后，尿素8~10千克/亩开浅沟5~10厘米施用，或表面撒施+施后浅旋耕（5~8厘米）混匀。

只采春茶的乌龙茶茶园，在茶树重修剪恢复生长（6—7月）进行第二次追肥，不再进行第三次追肥。

4. 红茶茶园

基肥：10月中下旬，100~150千克/亩腐熟饼肥或150~200千克商品畜禽粪有机肥、30千克/亩茶树专用肥（18-8-12或相近配方），有机肥和专用肥拌匀后开沟15~20厘米或结合深耕施用。

第一次追肥：春茶开采前30~40天，尿素6~8千克/亩；开浅沟5~10厘米施用，或表面撒施+施后浅旋耕（5~8厘米）混匀。

第二次追肥：春茶结束后，尿素6~8千克/亩开浅沟5~10厘米施用，或表面撒施+施后浅旋耕（5~8厘米）混匀。

第三次追肥：夏茶结束后，尿素6~8千克/亩开浅沟5~10厘米施用，或表面撒施+施后浅旋耕（5~8厘米）混匀。

（二）"茶—沼—畜"模式

1. 名优绿茶茶园

基肥：9月底至10月中旬，100~150千克/亩腐熟饼肥或150~200千克商品畜禽粪有机肥，或1 000~2 000千克沼渣，开沟15~20厘米或结合深耕施用。

沼液追肥：共浇4次，每次沼液400~500千克/亩（按沼∶水比1∶1稀释），掺入尿素4~5千克/亩，浇入茶树根部，分别为春茶采前30~40天、开采前、春茶结束、6月底或7月初。

白、黄叶突变体品种（如白叶一号、黄金芽等）茶园，春茶前和开采前二次施肥掺入尿素2~3千克/亩，其余同前。

2. 大宗绿茶、黑茶

基肥：9月底至10月中旬，200~300千克/亩商品畜禽粪有机肥或2 000~3 000千克沼渣、20~30千克/亩茶树专用肥（18-8-12或相近配方），拌匀后开沟15~20厘米或结合深耕施用。

沼液追肥：共浇6次，每次沼液400~500千克/亩（按沼∶水比1∶1稀释），掺入尿素4~5千克/亩，浇入茶树根部，分别为春茶采前1个月、开采前、春茶结束、6月初、7月初和8月初。

3. 乌龙茶茶园

基肥：10月中下旬，100~200千克/亩腐熟饼肥或200~300千克商品畜禽粪有机肥或1 000~2 000千克沼渣，开沟15~20厘米或结合深耕施用。

沼液追肥：共浇6次，每次沼液400~500千克/亩（按沼∶水比1∶1稀释），掺入尿素4~5千克/亩，浇入茶树根部，分别为春茶采前30天、开采前、春茶结束、7月初、8月初和9月初。只采春茶乌龙茶茶园可省略7月初和9月初的施肥。

4. 红茶茶园

基肥：10月中下旬，100~150千克/亩腐熟饼肥或150~200千克商品畜禽粪有机肥或1 000~2 000千克沼渣，开沟15~20厘米或结合深耕施用。

沼液追肥：共浇6次，每次沼液400~500千克/亩（按沼∶水比1∶1稀释），掺入尿素3~4千克/亩，浇入茶树根部，分别为春茶采前30天、开采前、春茶结束、7月初、8月初和9月初。

（三）"有机肥+水肥一体化"模式

1. 名优绿茶茶园

基肥：9月底至10月中旬，100~150千克/亩腐熟饼肥或150~200千克商品畜禽粪有机肥，开沟15~20厘米或结合深耕施用。

水肥一体化追肥：分5~6次，每次水溶性肥料按氮磷钾用量1.5、0.3、0.4千克/亩，分别为春茶采前30~40天、开采前、春茶结束、6月初、7月初和8月初施用。

2. 大宗绿茶、黑茶

基肥：9月底至10月中旬，200~300千克/亩商品畜禽粪有机肥，开沟15~20厘米或结合深耕施用。

水肥一体化追肥：分5~6次，每次水溶性肥料按氮磷钾用量2.3、0.5、0.7千克/亩，分别为春茶采前1个月、开采前、春茶结束、7月初、8月初和9月初。

3. 乌龙茶茶园

基肥：10月中下旬，100~200千克/亩腐熟饼肥或200~300千克商品畜禽粪有机肥，开沟15~20厘米或结合深耕施用。

水肥一体化追肥：分5~6次，每次水溶性肥料按氮磷钾用量2.0、0.3、0.4千克/亩，分别为春茶采前30天、开采前、春茶结束、7月初、8月初和9月初。

4. 红茶茶园

基肥：10月中下旬，100~150千克/亩腐熟饼肥或150~200千克商品畜禽粪有机肥，开沟15~20厘米或结合深耕施用。

水肥一体化追肥：分5~6次，每次水溶性肥料按氮磷钾用量1.5、0.3、0.4千克/亩，分别为春茶采前1个月、开采前、春茶结束、7月初、8月初和9月初。

第四章 缓控释肥料

第一节 什么是缓控释肥料

一、缓控释肥料生产情况

缓控释肥料是缓释肥和控释肥的统称,是两种不同的新型肥料。控释肥是指能根据作物生长特性与养分需求,设计、生产的释放速率与植物养分需求曲线相吻合的肥料,也叫"智能肥料"。其核心技术是包膜造孔,这一技术国内目前尚未完全掌握,所以,客观地说,目前中国还没有真正意义上的控释肥。缓释肥也叫长效肥,是通过在普通肥料中添加抑制剂,抑制养分在作物生长初期,对养分需求量较少时过快释放,确保作物对养分需求量大时有足够养分供给,达到养分尽可能多地被作物吸收的目的。

我国目前有 70 家企业生产缓控释肥,国内缓控释尿素的产能约 55 万吨/年,缓控释复合肥的产能约 200 万吨/年。目前国产缓控释肥肥效达 120 天,研制的缓控释肥在玉米、小麦、蔬菜、果树、花生、花卉、草坪等作物上使用,均有显著的效果,其肥料利用率比普通化肥提高 0.5~1 倍,所以施用缓控释肥并不增加成本(施肥量可比普通化肥减少 20%~50%),产量和品质可大幅度提高,而且,对环境友好,无污染,是生产绿色农产品的好肥料。

二、缓控释肥料的概念

中华人民共和国化工行业标准 HG/T 3931—2007《缓控释肥料》中缓控释肥料的定义是:以各种调控机制使其养分最初释放延缓,延长植物对其有效养分吸收利用的有效期,使其养分按照设定的释放率和释放期缓慢或控制释放的肥料。

联合国工业发展组织（UNIDO）委托国际肥料发展中心（IFDC）编写的《肥料手册》（1998年版）列出了缓释肥料、控制释放肥料定义如下。

缓释肥料（slow-release fertilizer，SRF）：一种肥料所含的养分是以化合的或以某种物理状态存在，以使其养分对植物的有效性延长（国际标准化组织 ISO 的定义）。

控制释放肥料（controlled-release fertilizer，CRF）：肥料中的一种或多种养分在土壤溶液中具有微溶性，以使它们在作物整个生长期均有效。理想的这种肥料应该是养分释放速率与作物对养分的需求完全一致。微溶性可以是肥料的本身特性或通过包裹可溶性粒子而获得。

此外，缓释肥料还包括加工过的天然有机肥料，如氨化腐殖酸肥料、干燥的活性污泥及含作物养分的工农业废弃物加工的肥料。缓释肥料还包括可以延长肥效的硝化抑制剂、脲酶抑制剂等。

必须指出，国际上对缓释肥料与控制释放肥料至今仍没有法定区分，两词常常混用，而以 SRF/CRF 或 S/CRF 表示。因此，我国也常以缓/控释肥料表示。但国际上一些学者遵循下列惯例，将微溶性合成化合物称为缓释肥料，将包膜、包裹与包囊的产品称为控制释放肥料。

三、缓控释肥料的控释方法

控释方法主要分为包膜法、非包膜法和综合法。根据养分缓控释技术可以把缓控释肥分为三大类：包膜型缓控释肥、非包膜型缓控释肥、综合缓控释肥。包膜法是一种主要的控释技术，通常实现养分控释的方法就是包膜，所以包膜肥是一种常见的控释肥。非包膜法也可以实现控释，通过化学合成法制得的脲醛类肥料就是一例。此外，混合方法也是一种非包膜的控释方法，这一方法简单有效，今后将有较大的发展。有机无机复合肥亦是一种非包膜的控释肥。现有的研究表明，采用各种技术组合，有机无机复合肥的控释功能还可以进一步提高。综合法是综合运用上述包膜法、非包膜法进行"纵向复合"及不同释放速率的配合，达到纵向平衡施肥的目的。如采用某种控释材料与肥料混合造粒（非包膜法），再在表面进行包膜处理。又如对某一类肥料包裹不同厚度或不同种类的控释材料，或者不同释放速率的肥粒单元，把这类具有不同释放速率的肥粒单元按比例组合（异粒变速），可获得缓急相济的效果。

四、缓控释肥料的发展前景

新型缓控释肥料能有效控制养分释放速度，延长肥效期，满足作物整个生育期对养分的需要，能最大限度地提高肥料利用率，提高施肥的经济效益、社会效益和环境效益，因而成为世界肥料研究的热点。

缓释控释肥目前已列为我国中长期科技发展农业优先主题。国家中长期科学与技术发展规划纲要（2006—2020年）安排了8个重点领域的27项前沿技术及18个基础科学问题。作为重点领域的农业，安排了9个优先主题，其中第6个优先主题为环保型肥料、农药创制和生态农业。重点研究开发环保型肥料、农药创制关键技术，专用复（混）型缓释、控释肥料及施肥技术与相关设备。

第二节 缓控释肥料的类型

目前市场上常见的缓控释肥可分为包膜型缓控释肥和非包膜型缓控释肥。

一、包膜型缓控释肥

1. 包膜型肥料的包膜材料

目前控释肥的包膜材料可分为无机包膜材料和有机包膜材料两大类。

无机包膜材料主要类型有硫黄、竹炭、石膏、硅酸盐、磷酸盐、化学肥料、高表面活性矿物。优点是：材料来源广、成本低、不污染土壤、缓释效果明显、为植物提供多种盐基离子。缺点是：成膜时，由于膜存在残缺孔洞，极易被微生物分解，从而导致养分控释性能不稳定，同时弹性差、易脆，因而难以实现真正意义上对养分的控制释放。

有机包膜材料主要是一些高分子材料，可分为天然高分子材料和人工合成高分子材料。天然高分子材料主要类型有松脂、虫胶、淀粉、纤维素、木质素、腐殖酸、壳聚糖、植物油、天然橡胶。其中，以植物油为主要包衣材料的控释肥料在生产过程中无须溶剂，即无溶剂（溶剂包膜在土壤中可降解）的原位表面反应包膜控释材料，由华南农业大学樊小林教授，通过对包膜工艺技术的改造和创新研制出，达到了国际领先水平。此种包膜材料易被生物降解是环境友好材料。它的诞生解决了当前控释肥料制造成本高、产能低、包膜材料创新相对滞后等问题，并大幅度提高了包膜效率，降低了能耗。

人工合成高分子材料主要类型有醇酸类树脂、聚氨酯类树脂、热塑性树脂。优点是：包膜厚度可以控制、对土壤条件不敏感、养分扩散速率由聚合物的化学性质控制，因而可实现对养分的控释。缺点是：包膜材料价格高、包膜工艺比较复杂，并且人工合成高分子化合物一般不溶于水，需要有机溶剂溶解，所以在土壤中分解缓慢，容易对环境造成污染，包膜材料的缓控释效果不明显。

目前控释肥料种类繁多、控释效果参差不齐，因控释肥未来的发展方向集中在包膜材料的选择上，研制出控释效果好、成本低、制备工艺简单、环境友好型控释肥料将有力推动我国农业和环境的协调发展。

2. 包膜型肥料的分类

由于目前包膜肥料还缺乏统一的国家标准和定义，我们根据包膜厚度、质量和成分把包膜肥料又分为包膜肥料、包裹肥料和涂层肥料。

根据《中国农业百科全书》定义，包膜肥料为在肥料颗粒表面涂覆其他物质制成的一类缓释肥料，用于成膜的物质有天然产品和人工合成的多聚体，如聚氨基甲酸乙酯、聚乙烯、石蜡、油脂、沥青和硫黄等。它们成膜后具有减少肥料与外界的直接接触、控制水溶性肥料粒子中养分的释放速率、改善肥料理化性能等作用。根据我们调查，包膜材料除硫黄外，大多为非植物营养物质。因此，包膜层质量不允许太大，但为了形成完整的密封层又不能太薄（颗粒肥料表面并非完全圆润光滑，而存在凹陷与凸起）。通常包膜层质量为肥料总质量的10%~30%。

包裹肥料是包裹型复合肥料的简称。据中国包裹型肥料制造联合体技术资料定义：包裹型复合肥料是一种或多种植物营养物质包裹另一种植物营养物质而形成的植物营养复合体。

涂层肥料是在肥料颗粒表面涂覆某些物质以改善肥料的物性或肥料功效。欧洲生产的大多数复合肥料均在表面带有涂层，这些肥料的生产工艺是在干燥、冷却后，于包裹机中涂以0.3%~1.0%的油及1%~2%的黏土，以改善肥料的结块性。

二、非包膜型缓控释肥

非包膜缓控释肥主要指通过化学合成法制得的脲醛类肥料、混合法生产的有机无机复合肥等，概括起来主要有以下几种类型。

有机合成微溶型缓释氮肥。包括醛缩尿素、草酰胺、亚异丁基二脲（IBDU）和亚丁烯二脲（CDU）等有机态氮肥。该类肥料的养分释放缓慢，可以有效地提高肥料利用率，其养分的释放速率受到土壤水分、pH值、微生物等各种因素的影响，人为调控的可能性小，其商品售价也很高，市场发展速度慢。

合成缓溶无机氮肥。如磷酸铵镁（$MgNH_4PO_4$）等。

胶结型有机—无机缓释肥料。用各种具有减缓养分释放速率的有机、无机胶结剂，通过不同的化学键力与速效化肥结合，所产生的释放速率不同于缓效化的一类肥料。

添加抑制剂改良的缓释肥料。如长效碳铵（添加DCD）、长效尿素（添加HQ）等。抑制剂型长效缓释肥是在普通化肥生产过程中，直接加入抑制剂，无须进行二次加工。而且缓释情况可由抑制剂用量多少和选用不同类型的抑制剂进行调节，其成本和产品售价只比普通化肥高2%~8%，节本增效效果却与控释肥料不相上下，具有良好的性价比，容易被农民接受，因此抑制型长效缓释肥被称为适合中国国情的缓控释肥料。

第三节 缓控释肥料的应用

缓控释肥用途非常广泛,同时它的施用技术也非常简单,既可以作为基肥、追肥施用,还可以作为种肥施用。具体的施用方法可以进行撒施、条施和穴施以及拌种、盖种施肥等。

一、缓控释肥在农作物上的施用技术

1. 水稻

可选择高氮中磷中钾控释肥,对于磷钾含量比较丰富地区或者习惯秸秆还田地区磷钾的比例可适当降低。水稻缓/控释肥推荐施用量为:目标产量(每亩)≤450千克的常规优质稻,施肥量(每亩用量)为35~45千克;目标产量450~600千克的常规高产稻、杂交稻,施肥量为45~55千克;目标产量≥600千克的超高产水稻,施肥量为55~65千克。各地使用时可根据目标产量、品种特性、土壤肥力状况等具体情况进行调整。该产品按推荐量作基肥一次施用后不再追肥,可以满足水稻整个生育期的营养需求。但是,在天气变化影响较大时(如施肥后短期内遇大暴雨,早春持续低温阴雨天气等)应适当补充追肥,每亩稻田补充追施尿素3~5千克。肥料于移栽前、犁翻耙田后撒施,施肥后要求再耙1~2次,以达到全层施肥目的,充分发挥该产品的长效控释效果。对于砂质田以及保肥保水能力较差的稻田,建议分次施用,一般可以60%作基肥施用,其余肥料在移栽后20~30天施用。

施肥时要尽量反复均匀撒施,保障水稻植株群体供肥平衡;施肥前必须调节好田间水分,施肥后3天内避免排水,早稻移栽初期如遇低温天气,建议增加灌水量。对于每亩产量超过500千克的品种,建议分2次施用,70%~80%的肥料作基肥,其余在移栽后30~40天施用。

另外还可以进行穴盘育苗,经过试验证明水稻专用控释肥料完全可以与水稻种子混合后,在穴盘中进行育苗,而且移栽到大田后可以不再进行施肥,完全可以保证水稻一生中养分所需,只是该技

术只针对水稻专用缓控释肥,可以根据肥料施用方法进行实际操作。

2. 小麦

小麦主产区大部分位于我国北部地区,该地区土壤钾含量整体偏高,所以可选择高氮高磷控释肥。汪强等在河南省潮土区进行的缓控释肥实验结果表明,施用含钾缓控释肥和不含钾缓控释肥试验田小麦产量差异不明显。

施肥方法:控释肥 40~50 千克/亩,作小麦底肥;返青期追施尿素 7~15 千克/亩。施用缓控释肥的小麦在生产过程中抗旱、抗寒、抗病虫能力都比较强。

3. 玉米

选择高氮控释肥,控释肥 30~40 千克/亩(或复合肥 50 千克/亩),做基肥可一次性施用,穴施或条施均可(盖土)。沙土、盐碱地要少量多次施肥,注意种肥隔离。

施肥时要根据玉米田的保肥水能力确定是否需要追肥,沙性土壤要视苗情追肥;注意种、肥隔离,以 8~12 厘米为宜;施肥时如果土壤干旱,要注意配合浇水。

4. 棉花

选择高氮中磷中钾控释肥,北方地区基施棉花控释肥 30~40 千克/亩;南方地区基施棉花控释肥 30~40 千克/亩,花铃期每亩追施棉花控释肥 10~15 千克。

5. 大豆

选择高磷高钾控释肥,底施控释肥 15~25 千克/亩。在结荚期,可以喷施 0.2%~0.3% 的磷酸二氢钾和 1% 尿素溶液,起到补磷增氮的效果。

6. 花生和油菜

大田花生宜选择高磷高钾控释肥,底施控释肥 30~40 千克/亩;在结荚期,可以喷施 0.2%~0.3% 的磷酸二氢钾和 1% 尿素溶液,起到补磷增氮的效果。

油菜则选择高氮高磷控释肥,移栽或直播必须施足基肥,施控释肥 30~40 千克/亩,加 0.5 千克硼肥,均匀混合,条施或穴施。

陈新颖等的试验结果表明，缓控释肥在花生上的增产效果可达到30%以上。马超等的试验结果表明，在旱薄地配施有机肥，可提高花生产量和品质。

7. 甘蔗、烟草、土豆和甜菜

选择高钾控释肥（硫酸钾型），甘蔗和烟草作底肥施控释肥40~50千克/亩，土豆作底肥施控释肥80~100千克/亩，甘蔗可在伸长期追施复合肥30~40千克/亩。

甜菜可选择高氮控释肥（硫酸钾型），作底肥施控释肥40~50千克/亩。

二、缓控释肥在蔬菜生产中的施用技术

叶菜类可选择高氮控释肥（硫酸钾型）。

施肥方法：作底肥施控释肥40~50千克/亩，配合农家肥每亩用1 500~2 000千克。

果菜类可选择高钾控释肥（硫酸钾型）。

施肥方法：作底肥施控释肥40~50千克/亩，配合农家肥每亩用1 500~2 000千克（每收获一茬，每亩冲施高氮高钾的冲施肥15~20千克）。

三、缓控释肥在林果业生产中的施用技术

1. 果茶类

在林果业生产中，宜选择硫酸钾型控释肥，实现对氮素和钾素的双重控释。

果茶类施肥应以有机肥为主，有机肥与无机肥相结合；以氮肥为主，氮、磷、钾三要素相配合，注意全肥；重视基肥，基肥与追肥相结合；合理施肥，以根际施肥为主，根际施肥与根外施肥相结合。

柑橘、苹果、桃、梨可选择高钾控释肥，氮肥含量约20%，秋季采果后条沟施控释肥1~1.5千克/株，配合农家肥5~10千克/株；春季果树萌芽前条沟施0.25~0.5千克/株；果实膨大期条沟施0.5~1.0千克/株。北方地果树如苹果、桃、梨等可以在春季萌芽

前后一次性条沟施肥，而南方果树如柑橘则建议采用分期施肥的方式，基肥在秋季采果后施肥，以后根据果树生育期分次施肥。

采用放射沟法施用，即距树干30厘米向外挖宽20~30厘米、深20~30厘米、长100~150厘米（根据树体大小确定，要求放射沟一半在树冠投影内，另一半在树冠投影外）的放射沟，10年生以下树挖3~4条，10年生以上树5~6条，放射沟的位置每年交替进行。

苹果产量水平在1 500千克以下的每亩施肥总量为45千克；产量水平在1 500~2 500千克的每亩施45~65千克；产量水平在2 500~4 500千克的每亩施65~115千克；产量水平在4 500千克以上的每亩施115~145千克。

桃树产量水平在2 000千克左右的果园每亩施55千克；产量水平在2 000~2 500千克的每亩施65~95千克；产量水平在2 500千克以上的每亩施95~115千克。

樱桃产量水平在500千克以下的每亩施55千克；产量水平在500~1 000千克的每亩施55~75千克；产量水平在1 000千克以上的每亩施75~95千克。

冬枣产量水平在500千克以下的每亩施55千克；产量水平在500~1 000千克的每亩施55~75千克；产量水平在1 000千克以上的每亩施75~95千克。

梨树产量水平在1 500千克以下的每亩施40千克；产量水平在1 500~2 500千克的每亩施45~65千克；产量水平在2 500~4 500千克的每亩施65~115千克；产量水平在4 500千克以上的每亩施95~145千克。

施肥总量根据土壤肥力条件，配合施用有机肥，平衡施肥。沙滩地果园适当多施20%左右，土壤肥沃的果园适当减少20%施肥量。

茶园施肥可选择高氮控释肥（硫酸钾型），在春季及采茶后各施控释肥80~100千克/亩。茶园定植初期可采用穴施，在每丛茶树旁10厘米处开穴20厘米左右，根据施肥总量计算每穴施肥量。基肥开沟一般沿茶行的一边开沟25~30厘米深，黏土宜浅，沙土宜深；追肥开沟有 10 厘米深即可。开沟后将肥料均匀撒入然后覆土。

2. 葡萄、香蕉和西瓜

葡萄和香蕉可选择高钾控释肥（硫酸钾型），不含氯。

以亩产 3 000 千克的葡萄园为例，施肥方法如下。

第一阶段：葡萄下架以后，挑出沟来，施有机肥，每亩施 2 000~2 500 千克，同时配施 15~25 千克缓控释肥，采用条沟施比较合适，距离葡萄 40 厘米左右，呈三角形犁沟，每棵施一把肥料，埋好土以后，再跟一遍水，尽量不要透气和干燥。

第二阶段：葡萄萌芽以后长到 15~20 厘米，每亩追施 40 千克缓控释肥和 100 千克碳酸氢铵。

第三阶段：葡萄谢花以后，葡萄长到黄豆粒大小时再追施 40~60 千克缓控释肥。

第四阶段：葡萄开始膨大时，即着色这个阶段，可以再追施 40~60 千克缓控释肥。施肥总量根据葡萄园土壤肥力和目标产量确定，土地肥沃的土地可少施肥 20%。也可简化施肥程序，秋季开沟做底肥施控释肥 80~100 千克/亩，膨大期追施控释肥 30~40 千克/亩。

香蕉的施肥方法：一年施控释肥 10~12 次，每次 30~40 千克/亩。

西瓜的施肥方法：作底肥施用，每亩 40~50 千克。西瓜膨大期冲施高钾复合肥 15~20 千克/亩。

第五章 测土配方施肥

第一节 测土配方施肥概述

一、测土配方施肥的概念

农作物生长的根基是土壤,植物养分中的60%~70%是从土壤中吸收的。而测土配方施肥技术是一种有效的施肥手段。它协调和解决了作物需求、土壤供应和土壤培肥这三方面的关系,实现了各种养分全面均衡供应,最终达到优质高产、节支增收的目的。

测土配方施肥是农业技术人员运用现代农业的科学理论和先进的测试手段,为农业生产单位或农户提供科学施肥指导和服务的一种技术系统。所谓测土配方施肥就是指:以土壤养分测试和肥料田间试验为基础,根据作物需肥规律、土壤供肥性能和肥料性质及肥料利用率,在合理施用有机肥的基础上,提出氮、磷、钾及中量、微量元素等肥料的施用品种、数量、施肥时期和施用方法,以满足作物均衡地吸收各种营养,同时维持土壤的肥力水平,减少养分流失和对土壤的污染、达到高产、优质和高效的目的。

测土配方施肥的主要内容概括为6个字,3个步骤,即"测土—配方—施肥"。

"测土"是配方施肥的基础,也是制定肥料配方的重要依据。能否将肥料施好,首先看能否将"测土"这个步骤做好,因此这一步很关键。它包括取土和化验分析两个环节,具体开展时要根据测土配方施肥的技术要求、作物种植和生长情况,选取重点区域、代表性地块进行有针对性的取样分析,这样才能正确测定土壤中的有关营养元素、摸清土壤肥力的详细情况,掌握好土壤的供肥性能。

"配方"是配方施肥的重点。就是根据土壤中营养元素的丰缺情况和计划产量等问题提出施肥的种类和数量。即经过对土壤的营养诊断，按照庄稼需要的营养种类和数量"开出药方并按方配药"。这一步骤既是关键又是重点，是整个技术的核心环节。其中心任务是根据土壤养分供应状况、作物状况和产量要求，在生产前的适当时间确定出施用肥料的配方，即肥料的品种、数量与肥料的施用时间、施用方式和方法。

"施肥"是配方施肥的最后一步，就是依据农作物的需肥特点制定出基肥、种肥和追肥的用量，合理安排基肥、种肥和追肥的比例、规定施用时间和方法，以发挥肥料的最大增产作用。具体实施时有两种选择途经：一是直接使用已经制定好的配方肥料，由肥料经销商向农民供应制好的配方肥，使农民用上优质、高效、方便的"傻瓜肥"，省去个人配肥的烦琐工作。二是针对示范区农户地块和作物种植状况，制定"测土配方施肥建议卡"，在建议卡上写明具体的各种肥料种类及数量，农民可以根据配方建议卡自行购买各种肥料，并配合施用。特别需要注意的是，这里所说的肥料应当包括农家肥和化肥的配合施用。

二、测土配方施肥的步骤

1. 田间试验

田间试验是获得各种作物最佳施肥量、施肥时期、施肥方法的根本途径，也是筛选、验证土壤养分测试技术、建立施肥指标体系的基本环节。通过田间试验，掌握各个施肥单元不同作物的优化施肥量，基、追肥分配比例，施肥时期和施肥方法；摸清土壤养分校正系数、土壤供肥量、农作物需肥参数和肥料利用率等基本参数；构建作物施肥模型，为施肥分区和肥料配方提供依据。

2. 土壤测试

测土是制定肥料配方的重要依据之一，随着我国种植业结构不断调整，高产作物品种不断涌现，施肥结构和数量发生了很大的变化，土壤养分库也发生了明显改变。通过开展土壤氮、磷、钾、中微量元素养分测试，了解土壤供肥能力状况。

3. 配方设计

肥料配方环节是测土配方施肥工作的核心。通过总结田间试验、土壤养分数据等，划分不同区域施肥分区；同时，根据气候、地貌、土壤、耕作制度等相似性和差异性，结合专家经验，提出不同作物的施肥配方。

4. 校正试验

为保证肥料配方的准确性，最大限度地减少配方肥料批量生产和大面积应用的风险，在每个施肥分区单元，设置配方施肥、农户习惯施肥、空白施肥3个处理，以当地主要作物及其主栽品种为研究对象。对比配方施肥的增产效果，校验施肥参数，验证并完善肥料配方，改进测土配方施肥技术参数。

5. 配方加工

配方落实到农户田间是提高和普及测土配方施肥技术的最关键环节。目前不同地区有不同的模式，其中最主要的也是最具有市场前景的运作模式就是市场化运作、工厂化生产、网络化经营。这种模式适应我国农村农民科技素质低、土地经营规模小、技物分离的现状。

6. 示范推广

为促进测土配方施肥技术能够落实到田间地头，既要解决测土配方施肥技术市场化运作的难题，又要让广大农民亲眼看到实际效果，这是限制测土配方施肥技术推广的"瓶径"。建立测土配方施肥示范区，为农民创建窗口，树立样板，全面展示测土配方施肥技术效果。推广"一袋子肥"模式，将测土配方施肥技术物化成产品，打破技术推广"最后一公里"的"坚冰"。

7. 宣传培训

测土配方施肥技术宣传培训是提高农民科学施肥意识，普及技术的重要手段。农民是测土配方施肥技术的最终使用者，迫切需要向农民传授科学施肥方法和模式；同时还要加强对各级技术人员、肥料生产企业、肥料经销商的系统培训。逐步建立技术人员和肥料商持证上岗制度。

8. 效果评价

农民是测土配方施肥技术的最终执行者和落实者，也是最终的受益者。检验测土配方施肥的实际效果，及时获得农民的反馈信息，不断完善管理体系、技术体系和服务体系。同时，为科学地评价测土配方施肥的实际效果，必须对一定的区域进行动态调查。

9. 技术创新

技术创新是保证测土配方施肥工作长效性的科技支撑。重点开展田间试验方法、土壤养分测试技术、肥料配制方法、数据处理方法等方面的研发工作，不断提升测土配方施肥技术水平。

第二节 测土配方施肥的原则

一、有机无机相结合的原则

有机肥料为基础。施用有机肥料可以增加土壤有机质含量，改善土壤水、肥、气、热状况，提高土壤保水保肥，补充氮、磷、钾及多种中微量元素，还可以为作物后期补充养分。

二、大中微量营养元素配合的原则

根据作物生长的需要，有针对性地补充各种营养元素，是测土配方施肥的重要内容。不仅强调氮、磷、钾大量元素的合理配比，还要兼顾中微量元素的配合施用，才能获得高产。

三、用地与养地相结合的原则

耕地是一个相对独立的养分循环系统，客观上要求实现养分输出与输入相平衡。为此必须坚持用养结合，形成物质和能量的良性循环，才能实现耕地资源的可持续利用。

第三节 测土配方施肥的方法

一、目标产量配方法

目标产量配方法是根据作物产量的构成，按照土壤和肥料两方面供应养分的原理来计算施肥量。目标产量确定后，根据需要吸收多少养分才能达到目标产量，来计算施肥量。此方法又可分为养分平衡法和地力差减法，两者的区别在于计算土壤供肥量的不同。

1. 养分平衡法

养分平衡法，是通过施肥达到作物需肥和土壤供肥之间养分平衡的一种配方施肥方法。其具体内容是：用目标产量的需肥量减去土壤供肥量，其差额部分通过施肥进行补充，以使作物目标产量所需的养分量与供应养分量之间达到平衡。

2. 地力差减法

地力差减法是利用目标产量减去地力产量来计算施肥量的一种方法。地力产量就是作物在不施任何肥料的情况下所得到的产量，又称空白产量。

二、地力分区（级）配方法

地力分区（级）配方法的主要内容有两方面，首先根据地力情况，将田地分成不同的区或级，然后再针对不同区或级田块的特点进行配方施肥。

1. 根据地力分区（级）

分区（级）的方法，可以根据测土配方施肥土壤样本检测数据，按土壤养分测定值高低，划分出高、中、低不同的地力等级；也可以根据产量基础，划分若干肥力等级。在较大的区域内，可以根据测土配方施肥耕地地力评价，对农田进行分区划片，以每个地力等级单元作为配方区。

2. 根据地力等级配方

由于不同配方区的地力差别，应在分区的基础上，针对不同配方区的特点，根据土壤样点分析数据及田间试验结果，以及当地群众的实践经验，制定出适合不同配方的适宜肥料种类、用量和具体的实施方法。

三、田间试验配方法

选择有代表性的土壤，应用正交、回归等科学的试验设计，进行多年、多点田间试验，然后根据试验资料的统计分析结果，确定肥料的用量和最优肥料配合比例的方法称为田间试验法。

1. 肥料效应函数法

不同肥料施用量对作物产量的影响，称为肥料效应。施肥量与产量之间的函数关系可用肥料效应方程式表示。此法一般采用单因素或双因素多水平试验设计为基础，将不同处理得到的产量进行数理统计，求得产量与施肥量之间的函数关系（即肥料效应方程式）。对方程式的分析，不仅可以直观地看出不同元素肥料的增产效应，以及其配合施用的联应效果，而且还可以分别计算出肥料的经济施用量（最佳施用量）、施肥上限和施肥下限，作为建议施肥量的依据。

2. 养分丰缺指标法

对不同作物进行田间试验，如果田间试验的结果验证了土壤速效养分的含量与作物吸收养分的数量之间有良好的相关性，就可以把土壤养分的测定值按一定的级差划分成养分丰缺等级，提出每个等级的施肥量，制成养分丰缺及所施肥料数量检索表，然后只要取得土壤测定值，就可对照检索表按级确定肥料施用量，这种方法被称为养分丰缺指标法。

为了制定养分丰缺指标，首先要在不同土壤田地上安排田间试验，设置全肥区（如氮磷钾）或缺肥区（如氮磷）两个处理，最后测定各试验地土壤速效养分的含量，并计算不同养分水平下的相对产量（即氮磷/氮磷钾×100）。相对产量越接近100%，施肥的效果越差，说明土壤所含养分丰富。在实践中一般以相对产量作为分级标准。通常的分级指标是：相对产量大于95%归为"极丰"，85%~95%为"丰"，75%~85%为"中"，50%~75%为"缺"，小于50%为"极缺"。在养分含量极缺或缺的田块施肥，肥效显著，增产幅度大；在养分含量中等的田块，肥效一般，可增产10%左右；在养分含量丰富或极丰富田块施肥，肥效极差或无效。

3. 氮、磷、钾比例法

通过田间试验，确定氮、磷、钾三要素的最适用量，并计算出三者之间的比例关系。在实际应用时，只要确定了其中一种养分的用量，然后按照各种养分之间的比例关系，再决定其他养分的肥料用量，这种定肥方法叫氮、磷、钾比例法。

配方施肥的三类方法可以互相补充，并不互相排斥。形成一种具体的配方施肥方案时，可以其中一种方法为主，参考其他方法，配合运用，这样可以吸收各种方法的优点，消除或减少采用一种方法的缺点，在产前确定更加符合实际的肥料用量。

第六章 水肥一体化技术

第一节 水肥一体化概述

一、水肥一体化技术的概念

水肥一体化技术是指在水肥的供给过程中，最有效地实现水肥的同步供给，充分发挥两者的相互作用，在给作物提供水分的同时最大限度地发挥肥料的作用，实现水肥的同步供应。

从广义上来说，水肥一体化技术就是水肥同时供应以满足作物生长发育需要，根系在吸收水分的同时吸收养分。从狭义来说，水肥一体化技术就是把肥料溶解在灌溉水中，由灌溉管道输送给田间每一株作物，以满足作物生长发育的需要，如通过喷灌及滴灌管道施肥。

二、水肥一体化技术的优点

（一）节省劳动力

传统的沟灌、施肥费工费时，非常麻烦。水肥一体化技术是管网供水，操作方便，便于自动控制，减少了人工开沟、撒肥等过程，因而可明显节省劳力；灌溉是局部灌溉，大部分地表保持干燥，减少了杂草的生长，也就减少了用于除草的劳动力；由于水肥一体化可减少病虫害的发生，减少了用于防治病虫害、喷药等劳动力；水肥一体化技术实现了种地无沟、无渠、无埂，大大减轻了水利建设的工程量。

（二）节水效果明显

水肥一体化技术可减少水分的下渗和蒸发，提高水分利用率。传统的灌溉方式，水的利用系数只有0.45左右，灌溉用水的一半以上流失或浪费了，而喷灌的水利用系数约为 0.75，滴灌的水利用系数可达 0.95。在露天条件下，微灌施肥与大水漫灌相比，节水率达 50%左右。保护地栽培条件下，滴灌施肥与畦灌施肥相比，每亩大棚一季节水 80~120 立方米，节水率为 30%~40%。

（三）节肥增效显著

利用水肥一体化技术可以方便地控制灌溉时间、肥料用量、养分浓度和营养元素间的比例，实现了平衡施肥和集中施肥。与手工施肥相比，水肥一体化的肥料用量是可量化的，作物需要多少施多少，同时将肥料直接施于作物根部，既加快了作物吸收养分的速度，又减少了挥发、淋湿所造成的养分损失。水肥一体化技术具有施肥简便、施肥均匀、供肥及时、作物易于吸收、提高肥料利用率等优点。在作物产量相近或相同的情况下，水肥一体化技术与传统施肥技术相比可节省化肥 40%~50%。

（四）减轻病虫害

水肥一体化技术有效地减少了灌水量和水分蒸发，降低了土壤湿度和空气湿度，抑制了病菌、害虫的产生、繁殖和传播，在很大程度上减少了病虫害的发生，因此，也减少了农药的投入和病虫害防治的劳力投入，与传统施肥技术相比利用水肥一体化技术每亩农药用量可减少 15%~30%。

（五）改善微生态环境

采用水肥一体化技术除了明显降低大棚内空气湿度和棚内温度外还可以增强微生物活性，滴灌施肥与常规畦灌施肥技术相比地温可提高 2.7℃。有利于增强土壤微生物活性，促进作物对养分的吸收；有利于改善土壤物理性质，滴灌施肥克服了因灌溉造成的土壤板结，土壤容重降低，孔隙度增加，有效地调控土壤根系的水渍化、盐渍化、土传病害等障碍。

（六）减少对环境的污染

水肥一体化技术严格控制灌溉用水量及化肥施用量，防止化肥和农药淋洗到深层土壤，造成土壤和地下水的污染，同时可将硝酸盐产生的农业面源污染程度降到最低。此外，利用水肥一体化技术可以在土层薄、贫瘠、含有惰性介质的土壤上种植作物并获得最大的增产潜力，能够有效地利用开发丘陵地、山地、砂石、轻度盐碱地等边缘土地。

（七）增加产量、改善品质，提高经济效益

水肥一体化技术适时、适量地供给作物不同生育期生长所需的养分和水分，明显改善作物的生长环境条件，因此，可促进作物增产，提高农产品的外观品质和营养品质；应用水肥一体化技术种植的作物，生长整齐一致，定植后生长恢复快、提早收获、收获期长、丰产优质、对环境气象变化适应性强等优点；通过水肥的控制可以根据市场需求提早供应市场或延长供应市场。

三、水肥一体化技术的缺点

（一）工程造价高

与地面灌溉相比，滴灌一次性投资和运行费用相对较高，其投资与作物种植密度和自动化程度有关，作物种植密度越大投资就越大，反之越小。使用自动控制设备会明显增加资金的投入，但是可降低运行管理费用，减少劳动力的成本，选用时可根据实际情况而定。

（二）技术要求高

水肥一体化对农民来说是一项新技术，涉及田间工程设计，设备选择、购买、安装、使用、维护及肥料选择等一系列问题，由于缺乏系统的培训，许多农户知之不多，了解太少，担心无法掌握和正确使用，影响了农民使用水肥一体化技术的积极性。

（三）灌水器容易堵塞

灌水器的堵塞是当前水肥一体化技术应用中最主要的问题，也是目前必须解决的关键问题。引起堵塞的原因有化学因素、物理因素，有时生物因素也会引起堵塞。如磷酸盐类化肥，在适宜的 pH 值条件下容易发生化学反应产生沉淀；对 pH 值超过 7.5 的硬水，钙或镁会停留在过滤器支管和灌水器中；当碳酸钙的饱和指标大于 0.5 且硬度大于 300 毫克/升时，也存在堵塞的危险；在南方一些井水灌溉的地方，水中的铁质诱发的铁细菌也会堵塞滴头；藻类植物、浮游动物也是堵塞物的来源，严重时会使整个系统无法正常工

作,甚至报废。因此,灌溉时水质要求较严,一般均应经过过滤,必要时还需经过沉淀和化学处理。用于灌溉系统的肥料应详细了解其溶解度等物理、化学性质,对不同类型的肥料应有选择的施用。在系统安装、检修过程中,若采取的方法不当,管道屑、锯末或其他杂质可能会从不同途径进入管网系统引起堵塞。对于这种堵塞,首先要加强管理,在安装、检修后应及时用清水冲洗管网系统,同时要加强过滤设备的维护。

(四) 容易引起盐分积累

当在含盐量高的土壤上进行滴灌或是利用咸水灌溉时,盐分会积累在湿润区的边缘,如遇到小雨,这些盐分可能会被冲到作物根区域而引起盐害,这时应继续进行灌溉,但在雨量充沛的地区,雨水可以淋洗盐分。在没有充分冲洗条件下的地方或是秋季无充足降雨的地方,则不要在高含盐量的土壤上进行灌溉或利用咸水灌溉。

(五) 可能限制根系的发展

由于灌溉施肥技术只湿润部分土壤,加之作物的根系有向水性,这样就会引起作物根系集中向湿润区生长。对于多年生作物来说,滴头位置附近根系密度增加,而非湿润区根系因得不到充足的水分供应其生长会受到一定程度的影响,尤其是在干旱、半干旱的地区,根系的分布与滴头有着密切的联系,在没有灌溉就没有农业的地区,如我国西北干旱地区,应用灌溉时,应正确地布置灌水器。对于果树来说,少灌、勤灌的灌水方式会导致树木根系分布变浅,在风力较大的地区可能产生拔根为害。

第二节 水肥一体化技术实施流程

一、信息采集与规划

(一) 采集相关信息

1. 项目实施单位的信息采集

水肥一体化设施建设单位在构建方案时要与项目实施单位充分沟通,了解实施单位计划栽培的作物品种以及种植面积、种植形式和管理模式；这些信息关系管网布局和灌溉方案的确定，不同的经营模式，其生产管理方式不同，水肥灌溉设计要根据栽培管理模式并结合设计原则来确定，这样才能做到水肥一体化设施投资经济实惠，使用便捷又高效。

另外要根据实施单位的投资意向、投资人文化素质来确定方案。针对科技示范型的，因其注重的是科技示范推广作用，应体现技术的先进性和领先性，方案要考虑应用推广效果和"门面"效应。这类设计要讲究设备布局的美观，细节的把握，设计的科学性，在严格按照国家和行业的标准进行设计规划，做到合理规范。针对农场经营模式，以增产型为主要目标的，设计上要体现大农业的效益，做到统一管理，方便操作，设备使用寿命长，后续维护费用低，设备使用技术简单实用，受配药和肥料浓度等技术性因素影响小，使用者容易接受，而且要求能安全生产。针对省工型的，因其种植面积不大，10~20亩不等，投资者自己是主要劳动力，这种设计要简单化，尽可能降低成本，设备操作简单，性能稳定，划分轮灌区的原则是，1~2天完成施肥就可以。

2. 田间数据采集

田间现场电源是决定水肥首部设备选型的必备条件，因此要了解动力资料，包括现有的动力、电力及水利机械设备情况（如电动机、柴油机、变压器）、电网供电情况、动力设备价格、电费和柴油价格等。要了解当地目前拥有的动力及机械设备的数量、规格和使用情况，了解输变电路线和变压器数量、容量及现有动力装机容量等。了解气候、水源条件。当地气候情况、降水量等因素决定水源的供应量，因此要详细了解当地的气候状况，包括年降水量及分配情况，多年平均蒸发量、月蒸发量、平均气温、最高气温、最低气温、湿度、风速、风向、无霜期、日照时间、平均积温、冻土层深度等。对微灌系统的水质要进行分析，以了解水质的泥沙、污物、水生物、含盐量、悬浮物情况和pH值大小，以便采取相应的措施。另外要了解水源与田间的距离，考虑是否分级供应，以及管道的口径设计。

3. 土壤地形资料

在规划之前要收集项目区的地质资料，包括土壤类型及容重、土层厚度、土壤 pH 值、田间持水量、饱和含水量、永久凋萎系数、渗透系数、土壤结构及肥力（有机质含量及肥力指标）等情况，地下水埋深和矿化度。对于盐碱地还包括土壤盐分组成、含盐量、盐渍化以及盐碱地情况。

项目区的地形特点好很重要，要掌握项目区的经纬度、海拔高度、自然地理特征等基本资料、绘制总体灌区图、地形图，图上应标明灌区内水源、电源、动力、道路等主要工程的地理位置。

4. 田间测量

田间测量是设计的重要环节，测量数据要尽量准确详细。要标清项目实施区的边界线，道路、沟渠布局，田间水沟宽、路宽都要测量，大棚设施要编号，标明朝向、间隔。

另外，还要收集项目区的种植作物种类、品种、栽培模式、种植比例、株行距、种植方向、日最大耗水量、生长期、耕作层深度、轮作倒茬计划、种植面积、种植分布图、原有的高产农业技术措施、产量及灌溉制度等。

（二）绘制田间布局图

依照田间测量的参数，综合上述用户意愿，选择合适的水肥一体化设施类型，绘制田间布局图和管网布局图。根据灌水器流量和每路管网的长度，计算建立水力损失表，分配干管、主管、支管的管径，结合水泵的功率等参数，确定并分好轮灌区，并在图上对管道和节点等编号，对应编号数值列表备查。最后配置灌溉首部设备和施肥设备。

（三）造价预算

综合上述结果，列出各部件清单，根据市场价格给出造价预算单。把预算结果提供给用户，通过双方实际情况再进行优化修改，定稿。一般来说，单位面积越大，每亩工程造价就越大；面积越小，每亩造价越低。主要原因是管网的长度和管径影响了造价。

二、设备安装与调试

(一) 开沟挖槽及回填

1. 开挖沟槽

铺设管网的第一步是开沟挖槽,一般沟宽0.4米、深0.6米左右,呈"U"形,挖沟要平直,深浅一致,转弯处以90°和135°处理。沟的坡面呈倒梯形,上宽下窄,防止泥土坍塌导致重复工作。在适合机械施工的较大场地,可以用机械施工,在田间需要人工作业。

开挖沟槽时,沟底设计标高上下0.3米的原状土应予保留,禁止扰动,铺管前用人工清理,但一般不宜挖于沟底设计标高以下,如局部超挖,需用沙土或合乎要求的原土填补并分层夯实,要求最后形成的沟槽底部平整、密实、无坚硬物质。

(1) 当槽底为岩石时,应铲除到设计标高以下不小于0.15米,挖深部分用细沙或细土回填密实,厚度不小于0.15米;当原土为盐类时,应铺垫细沙或细土。

(2) 当槽底土质极差时,可将管沟挖得深一些,然后在挖深的管底用沙填平、用水淹没后再将水吸掉(水淹法),使管底具有足够的支撑力。

(3) 凡可能引起管道不均匀沉降地段,其地基应进行处理,并可采取其他防沉降措施。

开挖沟槽时,如遇有管线、电缆时应加以保护,并及时向相关单位报告,及时解决处理,以防发生事故造成损失。开挖沟槽土层要坚实,如遇松散的回填土、腐殖土或石块等,应进行处理,散土应挖出,重新回填,回填厚度不超过20厘米时进行碾压,腐殖土应挖出换填砂砾料,并碾压夯实,如遇石块,应清理出现场,换土质较好的土回填。在开挖沟槽过程中,应对沟槽底部高程及中线随时测控,以防挖超或偏位。

2. 回填

在管道安装与铺设完毕后回填,回填的时间宜在一昼夜中气温最低的时刻,管道两侧及管顶以上0.5米内的回填土,不得含有碎石、砖块、冻土块及其他杂硬物体。回填土应分层夯实，一次回填高度宜 0.1~0.15 米，先用细沙或细土回填管道两侧，人工夯实后再回填第二层，直至回填到管顶以上 0.5 米处，沟槽的支撑应在保证施工安全情况下，按回填依次拆除，拆除竖板后，应以沙土填实缝隙。在管道或试压前，管顶以上回填土高度不宜小于 0.5 米，管道接头处 0.2 米范围内不可回填，以使观察试压时事故情况。管道试压合格后的大面积回填，宜在管道内充满水的情况下进行。管道敷设后不宜长时间处于空管状态，管顶 0.5 米以上部分的回填土内允许有少量直径不大于 0.1 米的石块。采用机械回填时，要从管的两侧同时回填，机械不得在管道上方行驶。规范操作能使地下管道更加安全耐用。

（二）PVC 管道安装

与 PVC 管道配套的是 PVC 管件，管道和管件之间用专用胶水黏接，这种胶水能把 PVC 管材、管件表面溶解成胶状，在连接后物质相互渗透，72 小时后即可连成一体。所以，在涂胶的时候应注意胶水用量，不能太多，过多的胶水会沉积在管道底部，把管壁部分溶解变软，降低管道应力，在遇到水锤等极端压力的时候，此处最容易破裂，导致维修成本增高，还影响农业生产。

1. 截管

施工前按设计图纸的管径和现场核准的长度（注意扣除管、配件的长度）进行截管。截管工具选用割刀、细齿锯或专用断管机具；截口端面平整并垂直于管轴线（可沿管道圆周作垂直管轴标记再截管）；去掉截口处的毛刺和毛边并磨（刮）倒角（可选用中号砂纸、板锉或角磨机），倒角坡度宜为 15°~20°，倒角长度约为 1.0 毫米（小口径）或 2~4 毫米（中、大口径）。

管材和管件在黏合前应用棉纱或干布将承、插口处黏接表面擦拭干净，使其保持清洁，确保无尘沙与水迹。当表面沾有油污时需用棉纱或干布蘸丙酮等清洁剂将其擦净。棉纱或干布不得带有油腻及污垢。当表面黏附物难以擦净时，可用细砂纸打磨。

2. 黏接

（1）试插及标线。黏接前应进行试插以确保承、插口配合情况符合要求，并根据管件实测承口深度在管端表面画出插入深度标记（黏接时需插入深度即承口深度），对中、大口径管道尤其需注意。

（2）涂胶。涂抹胶水时需先涂承口，后涂插口（管径≥90毫米的管道承、插面应同时涂刷），重复2~3次，宜先环向涂刷再轴向涂刷，胶水涂刷承口时由里向外，插口涂刷应为管端至插入深度标记位置，刷胶纵向长度要比待黏接的管件内孔深度要稍短些，胶水涂抹应迅速、均匀、适量，黏接时保持黏接面湿润且软化。涂胶时应使用鬃刷或尼龙刷，刷宽应为管径的1/3~1/2，并宜用带盖的敞口容器盛装，随用随开。

（3）连接及固化。承、插口涂抹溶接剂后应立即找正方向将管端插入承口并用力挤压，使管端插入至预先画出的插入深度标记处（即插至承口底部），并保证承、插接口的直度；同时需保持必要的施力时间（管径<63毫米的为30~60秒，管径≥63毫米的为1~3分钟）以防止接品滑脱。当插至1/2承口再往里插时宜稍加转动，但不应超过90°，不应插到底部后进行旋转。

（4）清理。承、插口黏接后应将挤出的溶接剂擦净。黏接后，固化时间2小时，至少72小时后才可以通水。管道黏接不宜在湿度很大的环境下进行，操作场所应远离火源，防止撞击和避免阳光直射，在温度低于-5℃的环境中不宜进行，当环境温度为低温或高温时需采取相应措施。

（三）PE管道安装

PE管道采用热熔方式连接，有对接式热熔和承插式热熔，一般大口径管道（DN100以上）都用对接热熔连接，有专用的热熔机，具体可根据机器使用说明进行操作。DN80以下均可以用承插方式热熔连接，优点是热熔机轻便，可以手持移动，缺点是操作需要2人以上，承插后，管道热熔口容易过热缩小，影响过水。

1. 准备工作

管道连接前，应对管材和管件现场进行外观检查，符合要求方可使用。主要检查项目包括外表面质量、配件质量、材质的一致性等。管材管件的材质一致性直接影响连接后的质量。在寒冷气候（-5℃以下）和大风环境条件下进行连接时，应采取保护措施或调整连接工艺。管道连接时管端应洁净，每次收工时管口应临时封堵，防止杂物进入管内。热熔连接前后，连接工具回执面上的污物应用洁净棉布擦净。

2. 承插连接方法

此方法将管材表面和管件内表面同时无旋转地插入熔接器的模头中回执数秒，然后迅速撤去熔接器，把已加热的管子快速地垂直插入管件，保压、冷却、连接。连接流程：检查—切管—清理接头部位及画线—加热—撤熔接器—找正—管件套入管子并校正—保压、冷却。

（1）要求管子外径大于管件内径，以保证熔接后形成合适的凸缘。

（2）加热。将管材外表面和管件内表面同时无旋转地插入熔接器的模头中回执数秒，加热温度为260℃。

（3）插接。管材管件加热到规定的时间后，迅速从熔接器的模头中拔出并撤去熔接器，快速找正方向，将管件套入管段至画线位置，套入过程中若发现歪斜应及时校正。

（4）保压、冷却。冷却过程中，不得移动管材或管件，完全冷却后才可进行下一个接头的连接操作。

热熔承插连接应符合下列规定：热熔承插连接管材的连接端应切割垂直，并应用洁净棉布擦净管材和管件连接面上的污物，标出插入深度，刮除其表皮；承插连接前，应校直两对应的待连接件，使其在同一轴线上；插口外表面和承口内表面应用热熔承插连接工具加热；加热完毕，连接件应迅速脱离承接连接工具，并应用均匀外力插至标记深度，使待连接件连接结实。

3. 热熔对接连接

热熔对接连接是将与管轴线垂直的两管子对应端面与加热板接触使之加热熔化，撤去加热板后，迅速将熔化端压紧，并保证压至接头冷却，从而连接管子。这种连接方式无须管件，连接时必须使用对接焊机。热熔对接连接一般分为五个阶段：预热阶段、吸热阶段、加热板取出阶段、对接阶段、冷却阶段。加热温度和各个阶段所需要的压力及时间应符合热熔连接机具生产厂管材、管件生产厂的规定。连接程序：装夹管子—铣削连接面—回执端面—撒加热板—对接—保压、冷却。

（1）将待连接的两管子分别装夹在对接焊机的两侧夹具上，管子端面应伸出夹具20~30毫米，并调整两管子使其在同一轴线上，管口错边不宜大于管壁厚度的10%。

（2）用专用铣刀同时铣削两端面，使其与管轴线垂直，待两连接面相吻合后，铣削后用刷子、棉布等工具清除管子内外的碎屑及污物。

（3）当回执板的温度达到设定温度后，将加热板插入两端面间同时加热熔化两端面，加热温度和加热时间按对接工具生产厂或管材生产厂的规定，加热完毕快速撤出加热板，接着操纵对接焊机使其中一根管子移动至两端面完全接触并形成均匀凸缘，保持适当压力直到连接部位冷却到室温为止。

热熔对接焊接时，要求管材或管件应具有相同熔融指数。另外，采用不同厂家的管件时，必须选择与之相匹配的焊机才能取得最佳的焊接效果。热熔连接保压、冷却时间，应符合热熔连接工具生产厂和管件、管材生产厂规定，保证冷却期间不得移动连接件或在连接件上施加外力。

（四）滴灌设备安装与调试

作物的生物学特征各异，栽培的株距、行距也不一样，为了达到灌溉均匀的目的，所要求滴灌带滴孔距离、规格、孔洞一样。通常滴孔距离15厘米、20厘米、30厘米、40厘米，常用的有20厘米、30厘米。这就要求滴灌设施实施过程中，需要考虑使用单条滴灌带端部首端和末端滴孔出水量均匀度相同且前后误差在10%以内的产品。在设计施工过程中，需要根据实际情况，选择合适规格的滴灌带，还要根据这种滴灌带的流量等技术参数，确定单条滴灌带的铺设最佳长度。

1. 滴灌设备安装

（1）灌水器选型。大棚栽培作物一般选用内镶滴灌带，规格16毫米×200毫米或300毫米，壁厚可以根据农户投资需求选择0.2毫米、0.4毫米、0.6毫米，滴孔朝上，平整地铺在畦面的地膜下面。

（2）滴灌带数量。可以根据作物种植要求和投资意愿，决定每畦铺设的条数，通常每畦至少铺设一条，两条最好。

（3）滴灌带安装。棚头横管用25″，每棚一个总开关，每畦另外用旁通阀，在多雨季节，大棚中间和棚边土壤湿度不一样，可以通过旁通阀调节灌水量。

铺设滴灌带时，先从下方拉出。由一人控制，另一人拉滴灌带，当滴管带略长于畦面时，将其剪断并将末端折扎，防止异物进入。首部连接旁通或旁通阀，要求滴灌带用剪刀裁平，如果附近有滴头，则剪去不要，把螺旋螺帽往后退，把滴灌带平稳套进旁通阀的口部，适当摁住，再将螺帽往外拧紧即可。将滴灌带尾部折叠并用细绳扎住，打活结，以方便冲洗（用带用堵头也可以，只是在使用过程中受水压泥沙等影响，不容易拧开冲洗，直接用线扎住方便简单）。

把黑管连接总管，三通出口处安装球阀，配置阀门井或阀门箱保护。整体管网安装完成后，通水试压，冲出施工过程中留在管道内的杂物，调整缺陷处，然后关水，滴灌带上堵头，25″黑管上堵头。

2. 设备使用技术

（1）滴灌带通水检查。在滴灌受压出水时，正常滴孔的出水是呈滴水状的，如果有其他洞孔，出水是呈喷水状的，在膜下会有水柱冲击的响声，所以要巡查各处，检查是否有虫咬或其他机械性破洞，发现后及时修补。在滴灌带铺设前，一定要对畦面的地下害虫或越冬害虫进行一次灭杀。

（2）灌水时间。初次灌水时，由于土壤团粒疏松，水滴容易直接往下顺着土块空隙流到沟中，没能在畦面实现横向湿润。所以要短时间、多次、间歇灌水，让畦面土壤形成毛细管，促使水分横向湿润。

瓜果类作物在营养生长阶段，要适当控制水量，防止枝叶生长过旺影响结果。在作物挂果后，滴灌时间要根据滴头流量、土壤湿度、施肥间隔等情况决定。一般在土壤较干时滴灌3~4小时，而当土壤湿度居中，仅以施肥为目的时，水肥同灌约1小时较合适。

（3）清洗过滤器。每次灌溉完成后，需要清洗过滤器。每3~4次灌溉后，特别是水肥灌溉后，需要把滴灌带堵头打开冲水，将残留在管壁内的杂质冲洗干净。作物采收后，集中冲水一次，收集备用。如果是在大棚内，只需要把滴灌带整条拆下，挂到大棚边的拱管上即可，下次使用时再铺到膜下。

（五）首部设备安装与调试

1. 负压变频供水设备安装

负压变频供水设备安装处应符合控制柜对环境的要求，柜前后应有足够的检修通道，进入控制柜的电源线径、控制柜前级的低压柜的容量应有一定的余量，各种检测控制仪表或设备应安装于系统贯通且压力较稳定处，不应对检测控制仪表或设备产生明显的不良影响。如安装于高温（高于45℃）或具有腐蚀性的地方，在签订订货单时应作具体说明。在安装时发现安装环境不符合时，应及时与原供应商取得联系进行更换。

水泵安装应注意进水管路无泄漏，地面应设置排水沟，并应设置必需的维修设施。水泵安装尺寸见各类水泵安装说明书。

2. 潜水泵安装

（1）安装方法。拆下水泵上部出水口接头，用法兰连接止回阀，止回阀箭头指向水流方向。管道垂直向上伸出池面，经弯头引入泵房，在泵房内与过滤器连接，在过滤器前开一个DN20施肥口，连接施肥泵，前后安装压力表。水泵在水池底部需要垫高0.2米左右，防止淤泥堆积，影响散热。

（2）施肥方法。第一步，开启电机，使管道正常供水，压力稳定。第二步，开启施肥泵，调整压力，开始注肥，注肥时需要有操作人员照看，随时关注压力变化及肥量变化，注肥管压力要比出水管压力稍大一些，保证能让肥液注进出水管，但压力不能太大，以免引起倒流，肥料注完后，再灌15分钟左右的清水，把管网内的剩余肥液送到作物根部。

3. 离心自吸泵安装

(1) 安装使用方法。

第一步,建造水泵房和进水池,泵房占地 3 米×5 米以上,并安装一扇防盗门,进水池 2 米×3 米。

第二步,安装 ZW 型卧式离心自吸泵,进水口连接进水管到进水池底部,出口连接过滤器,一般两个并联。外装水表、压力表及排气阀(排气阀安装在出水管墙外位置,水泵启停时排气阀会溢水,保持泵房内不被水溢湿)。

第三步,安装吸肥管,在吸水管三通处连接阀门,再接过滤器,过滤器与水流方向要保持一致,连接钢丝软管和底阀。

第四步,施肥桶可以配 3 只左右,每只容量 200 升左右,通过吸肥管分管分别放进各肥料桶内,可以在吸肥时,把不能同时混配的肥料分桶吸入,在管道中混合。

第五步,施肥浓度,根据进出水管的口径,配置吸肥管的口径,保持施肥浓度在 5%~7%。通常 4″进水管,3″出水管水泵,配 1″吸肥管,最后施肥浓度在 5% 左右。肥料的吸入量始终随水泵流量大小而改变,而且保持相对稳定的浓度。田间灌溉量大,即流量大,吸肥速度也随之增加,反之,吸肥速度减慢,始终保持浓度相对稳定。

(2) 注意事项。施肥时要保持吸肥过滤器和出水过滤器畅通,如遇堵塞,应及时清洗;施肥过程中,当施肥桶内肥液即将吸干时,应及时关闭吸肥阀,防止空气进入泵体产生气蚀。

三、水肥一体化系统操作

(一) 准备工作

使用前的准备工作主要是检查系统是否按设计要求安装到位,检查系统主要设备和仪表是否正常,对损坏或漏水的管段及配件进行修复。

1. 检查水泵与电机

检查水泵与电机所标示的电压、频率与电源电压是否相符,检查电机外壳接地是否可靠,检查电机是否漏油。

2. 检查过滤器

检查过滤器安装位置是否符合设计要求，是否有损坏，是否需要冲洗。介质过滤器在首次使用前，在罐内注满水并放入一包氯球，搁置 30 分钟后按正常使用方法各反冲一次。此次反冲并可预先搅拌介质，使之颗粒松散，接触面展开。然后充分清洗过滤器的所有部件，紧固所有螺丝。离心式过滤器冲洗时先打开压盖，将筛子取出冲净即可。网式过滤器手工清洗时，扳动手柄，放松螺杆，打开压盖，取出滤网，用软刷子刷洗筛网上的污物并用清水冲洗干净。叠片过滤器要检查和更换变形叠片。

3. 检查肥料罐或注肥泵

检查肥料罐或注肥泵的零部件与系统的连接是否正确，清除罐体内的积存污物以防进入管道系统。

4. 检查其他部件

检查所有的末端竖管是否有折损或堵头丢失。前者取相同零件修理，后者补充堵头。检查所有阀门与压力调节器是否启闭自如，检查管网系统及其连接微管，如有缺损应及时修补。检查进排气阀是否完好，并打开。关闭主支管道上的排水底阀。

5. 检查电控柜

检查电控柜的安装位置是否得当。电控柜应防止阳光照射，并单独安装在隔离单元，要保持电控柜房间的干燥。检查电控柜的接线和保险是否符合要求，是否有接地保护。

（二）灌溉操作

水肥一体化系统包括单户系统和组合系统。组合系统需要分组轮灌。系统的简繁不同，灌溉作物和土壤条件不同都会影响灌溉操作。

1. 管道充水试运行

在灌溉季节首次使用时，必须进行管道充水冲洗。充水前应开启排污阀或泄水阀，关闭所有控制阀门，在水泵运行正常后缓慢开启水泵出水管道上的控制阀门，然后从上游至下游逐条冲洗管道，充水中应观察排气装置工作是否正常。管道冲洗后应缓慢关闭泄水阀。

2. 水泵启动

要保证动力机在空载或轻载下启动。启动水泵前，首先关闭总阀门，并打开准备灌水的管道上所有排气阀排气，然后启动水泵向管道内缓慢充水。启动后观察和倾听设备运转是否有异常声音，在确认启动正常的情况下，缓慢开启过滤器及控制田间灌溉所需轮灌组的田间控制阀门，开始灌溉。

3. 观察压力表和流量表

观察过滤器前后的压力表读数差异是否在规定的范围内，压差读数达到7米水柱，说明过滤器内堵塞严重，应停机冲洗。

4. 冲洗管道

新安装的管道（特别是滴灌管）第一次使用时，要先放开管道末端的堵头，充分放水冲洗各级管道系统，把安装过程中集聚的杂质冲洗干净后，封堵末端堵头，然后才能开始使用。

5. 田间巡查

要到田间巡回检查轮灌区的管道接头和管道是否漏水，各个灌水器是否正常。

(三) 施肥操作

施肥过程是伴随灌溉同时进行的，施肥操作在灌溉进行20~30分钟后开始，并确保在灌溉结束前20分钟以上的时间内结束，这样可以保证对灌溉系统的冲洗和尽可能地减少化学物质对灌水器的堵塞。

施肥操作前要按照施肥方案将肥料准备好，对于溶解性差的肥料可先将肥料溶解在水中。不同的施肥装置在操作细节上有所不同。

1. 泵吸肥法

根据轮灌区的面积或果树的株数计算施肥量，然后倒入施肥池。开动水泵，放水溶解肥料。打开出肥口处开关，肥料被吸入主管道。通常面积较大的灌区吸肥管用50~70毫米的PVC管，方便调节施肥速度。一些农户出肥管管径太小（25毫米或32毫米），当需要加速施肥时，由于管径太小无法实现。对较大面积的灌区（如500亩以上），可以在肥池或肥桶上画刻度。一次性将当次的肥料溶解好，然后通过刻度分配到每个轮灌区。假设一个轮灌区需要一个刻度单位的肥料，当肥料溶液到达一个刻度时，立即关闭施肥开关，继续灌溉冲洗管道。冲洗完后打开下一个轮灌区，打开施肥池开关，等到达第二个刻度单位时表示第二轮灌区施肥结束，依次进行操作。采用这种办法对大型灌区的施肥可以提高工作效率，减轻劳动强度。

在北方一些井灌区水温较低，肥料溶解慢。一些肥料即使在较高水温下溶解也慢（如硫酸钾）。这时在肥池内安装搅拌设备可显著加快肥料的溶解，一般搅拌设备由减速机（功率1.5~3.0千瓦）、搅拌桨和固定支架组成。搅拌桨通常要用304不锈钢制造。

2. 泵注肥法

南方地区的果园，通常都有打药机。许多果农利用打药机作注肥泵用。具体做法是：在泵房外侧建一个砖水泥结构的施肥池，一般3~4立方米，通常高1米，长、宽均2米。以不漏水为质量要求。池底最好安装一个排水阀门，方便清洗排走肥料池的杂质。施肥池内侧最好用油漆划好刻度，以0.5立方米为一格。安装一个吸肥泵将池中溶解好的肥料注入输水管。吸肥泵通常用旋涡自吸泵，扬程须高于灌溉系统设计的最大扬程，通常的参数为：电源220伏或380伏，0.75~1.1千瓦，扬程50米，流量3~5立方米/小时，这种施肥方法肥料有没有施完看得见，施肥速度方便调节。它适合用于时针式喷灌机、喷水带、卷盘喷灌机等灌溉系统，克服了压差施肥罐的所有缺点。特别是使用地下水的情况下，由于水温低(9~10℃)，肥料溶解慢，可以提前放水升温，自动搅拌溶解肥料。通常减速搅拌机的电机功率为1.5千瓦。搅拌装置用不生锈材料做成倒"T"形。

3. 压差式施肥罐

（1）压差施肥罐的运行。压差施肥罐的操作运行顺序如下。

第一步，根据各轮灌区具体面积或作物株数计算好当次施肥的数量。称好或量好每个轮灌区的肥料。

第二步，用两根各配一个阀门的管子将旁通管与主管接通，为便于移动，每根管子上可配用快速接头。

第三步，将液体肥直接倒入施肥罐，若用固体肥料则应先行单独溶解并通过滤网注入施肥罐。有些用户将固体肥直接投入施肥罐，使肥料在灌溉过程中溶解，这种情况下用较小的罐即可，但需要 5 倍以上的水量以确保所有肥料被用完。

第四步，注完肥料溶液后，扣紧罐盖。

第五步，检查旁通管的进出口阀均关闭而节制阀打开，然后打开主管道阀门。

第六步，打开旁通进出口阀，然后慢慢地关闭节制阀，同时注意观察压力表，得到所需的压差（1~3 米水压）。

第七步，对于有条件的用户，可以用电导率仪测定施肥所需时间。施肥完后关闭进口阀门。

第八步，要施下一罐肥时，必须排掉部分罐内的积水。在施肥罐进水口处应安装一个 1/2″的进排气阀或 1/2″的球阀。打开罐底的排水开关前，应先打开排气阀或球阀，否则水排不出去。

(2) 压差施肥罐施肥时间监测方法。压差施肥罐是按数量施肥方式，开始施肥时流出的肥料浓度高，随着施肥进行，罐中肥料越来越少，浓度越来越稀。灌溉施肥的时间取决于肥料罐的容积及其流出速率：

$$T = 4V/Q$$

式中，T 为施肥时间（小时）；V 为肥料罐容积（升）；Q 为流出液速率（升/小时）；4 是指必须有 4 倍于肥料罐容积的灌溉水流经肥料罐才能把 98% 的肥料带入灌溉系统中。

例如：一肥料罐容积 220 升，施肥历时 2 小时，求旁通管的流量。根据上述公式，在 2 小时内必须有 $4 \times 220 = 880$ 升水流过施肥罐，故旁通管的流量应不低于：

$$Q = 4V/T = 4 \times 220/120 = 7.3 （分钟）$$

因为施肥罐的容积是固定的，当需要加快施肥速度时，必须使旁通管的流量增大。此时要把节制阀关得更紧一些。

了解施肥时间对应用压差施肥罐施肥具有重要意义。当施下一罐肥时必须要将罐内的水放掉至少 1/2~2/3，否则无法加放肥料。如果对每一罐的施肥时间不了解，可能会出现肥未施完即停止施肥，将剩余肥料溶液排走而浪费肥料。或肥料早已施完但心中无数，盲目等待，后者当单纯为施肥而灌溉时，会浪费水源或电力，增加施肥人工。特别在雨季或土壤不需要灌溉而只需施肥时更需要加快施肥速度。

（3）压差施肥罐使用注意事项。压差施肥罐使用时，应注意以下事项。

①罐体较小时（小于100升），固体肥料最好溶解后倒入肥料罐，否则可能会堵塞罐体。特别在压力较低时可能会出现这种情况。

②有些肥料可能含有一些杂质，倒入施肥罐前先溶解过滤，滤网100~120目。如直接加入固体肥料，必须在肥料罐出口处安装一个1/2″的筛网过滤器。或者将肥料罐安装在主管道的过滤器之前。

③每次施完肥后，应对管道用灌溉水冲洗，将残留在管道中的肥液排出。一般滴灌系统20~30分钟，微喷灌5~10分钟。如有些滴灌系统轮灌区较多，而施肥要求在尽量短的时间完成，可考虑测定滴头处电导率的变化来判断清洗的时间。一般的情况是一个首部的灌溉面积越大，输水管道越长，冲洗的时间也越长。冲洗是个必需过程，因为残留的肥液存留在管道和滴头处，极易滋生藻类、青苔等低等植物，堵塞滴头；在灌溉水硬度较大时，残存肥液在滴头处形成沉淀，造成堵塞。及时的冲洗基本可以防止此类问题发生。但在雨季施肥时，可暂时不洗管，等天气晴朗时补洗，否则会造成过量灌溉淋洗肥料。

④肥料罐需要的压差由入水口和出水口间的节制阀获得。因为灌溉时间通常多于施肥时间，不施肥时节制阀要全开。经常性的调节阀门可能会导致每次施肥的压力差不一致（特别当压力表量程太大时，判断不准），从而使施肥时间把握不准确。为了获得一个恒定的压力差，可以不用节制阀门，代之以流量表（水表）。水流流经水表时会造成一个微小压差，这个压差可供施肥罐用。当不施肥时，关闭施肥罐两端的细管，主管上的压差仍然存在。在这种情况下，不管施肥与否，主管上的压力都是均衡的。因这个由水表产生的压差是均衡的，无法调控施肥速度，所以只适合深根作物。对浅

根系作物在雨季要加快施肥，这种方法不适用。

4. 重力自压式施肥法

施肥时先计算好每轮灌区需要的肥料总量，倒入混肥池，加水溶解，或溶解好直接倒入。打开主管道的阀门，开始灌溉。然后打开混肥池的管道，肥液即被主管道的水流稀释带入灌溉系统。通过调节球阀的开关位置，可以控制施肥速度。当蓄水池的液位变化不大时（丘陵山地果园许多情况下一边灌溉一边抽水至水池），施肥的速度可以相当稳定，保持一恒定养分浓度。如采用滴灌施肥，施肥结束后需继续灌溉一段时间，冲洗管道。如拖管淋水肥则无此必要。通常混肥池用水泥建造坚固耐用，造价低。也可直接用塑料桶作混肥池用。有些用户直接将肥料倒入蓄水池，灌溉时将整池水放干净。由于蓄水池通常体积很大，要彻底放干水很不容易，会残留一些肥液在池中。加上池壁清洗困难，也有养分附着。当重新蓄水时，极易滋生藻类、青苔等低等植物，堵塞过滤设备。应用重力自压式灌溉施肥，当采用滴灌时，一定要将混肥池和蓄水池分开，二者不可共用。

静水微重力自压施肥法曾被国外某些公司在我国农村提倡推广，其做法是在棚中心部位将储水罐架高 80~100 厘米，将肥料放入敞开的储水罐溶解，肥液经过罐中的筛网过滤器过滤后靠水的重力滴入土壤。

5. 文丘里施肥器

虽然文丘里施肥器可以按比例施肥，在整个施肥过程中保持恒定浓度供应，但在制定施肥计划时仍然按施肥数量计算。如用液体肥料，则将所需体积的液体肥料加到储肥罐（或桶）中。如用固体肥料，则先将肥料溶解配成母液，再加入储肥罐，或直接在储肥罐中配制母液。当一个轮灌区施完肥后，再安排下一个轮灌区。

当需要连续施肥时，对每一轮灌区先计算好施肥量。在确定施肥速度恒定的前提下，可以通过记录施肥时间或观察施肥桶内壁上的刻度来为每一轮灌区定量。对于有辅助加压泵的施肥器，在了解每个轮灌区施肥量（肥料母液体积）的前提下，安装一个定时器来控制加压泵的运行时间。在自动灌溉系统中，可通过控制器控制不同轮灌区的施肥时间。当整个施肥可在当天完成时，可以统一施肥后再统一冲洗管道，否则必须将施过肥的管道当日冲洗。冲洗的时间要求同旁通罐施肥法。

（四）轮灌组更替

根据水肥一体化灌溉施肥制度，观察水表水量确定达到要求的灌水量时，更换下一轮灌组地块，注意不要同时打开所有分灌阀。首先打开下一轮灌组的阀门，再关闭第一个轮灌组的阀门，进行下一轮灌组的灌溉，操作步骤按以上重复。

（五）停止灌溉

所有地块灌溉施肥结束后，先关闭灌溉系统水泵开关，然后关闭田间的各开关。对过滤器、施肥罐、管路等设备进行全面检查，达到下一次正常运行的标准。注意冬季灌溉结束后要把田间位于主支管道上的排水阀打开，将管道内的水尽量排净，以避免管道留有积水冻裂管道，此阀门冬季不必关闭。

第三节　主要农作物的水肥一体化技术

一、玉米水肥一体化技术应用

（一）玉米需水规律

玉米适应性强，对土壤的适应性较广，沙土、壤土、黏土均可栽培。玉米是需水较多的作物，各生育阶段的需水量如下。

1. 播种期

半干旱地区，春季降水量少，气候干燥，风多风大，土壤失水较多，一般播种期，耕层内土壤含水量绝大多年份低于种子发芽的水分要求。提供种子发芽到出苗的适宜土壤水分是解决能否苗全苗壮的关键，采用早春覆膜前灌溉保湿覆膜或盖膜后滴灌均可。确保在播种前有适宜的水分状况，灌溉水量以 25~30 立方米/亩为宜。如播后灌溉应该严格掌握灌水量，不要过多，以免造成土温过低影响出苗。

2. 育苗水

玉米苗期的需水量并不多,土壤含水量占田间水量的60%为宜,低于60%必须进行苗期灌溉。灌水定额15~20立方米/亩。地膜覆盖的玉米底墒足,苗期也可不灌水,通过控制灌水进行蹲苗,使植株基部节间短,发根多、株体敦实粗壮,增加后期抗旱抗倒伏能力,为增产打下良好基础。

蹲苗一般于苗后开始,至拔节前结束,持续时间约一个月,是否需水灌水,具体应根据品种类型、苗情、土壤墒情等灵活掌握。蹲苗期间中午打绺、傍晚又能展平的地块不急于灌水。如果傍晚叶子不能复原应灌一次保苗水。

3. 拔节期

玉米出苗35天左右即开始拔节。拔节孕穗期植株生长迅猛,这个时期气温高、植株叶面蒸腾强,土壤水分供应要充分,如果缺水受旱植株发育不良,影响幼穗的正常分化,甚至雌穗不能形成果穗,造成空秆,雄穗则不能抽出,带来严重减产。这期间土壤水分将至田间持水量的65%以下时就应即时灌发育水,使植株根系生长良好、茎秆粗壮,有利于幼穗的分化发育,从而形成大穗,拔节初期灌溉时,灌水定额应控制在20~30立方米/亩为宜。

4. 灌浆成熟期

抽穗开花期是作物生理需水高峰期,天然降雨与作物需水大致相当,但这个时期应特别注意缺水现象。发现缺水要及时补充灌溉。根据实践总结和研究表明,灌浆期进入籽粒中的养分,不缺水比缺水的可增加2倍多。

(二)玉米需肥规律

玉米植株高大,茎叶繁茂,是需肥较多的作物。单位面积玉米对氮磷钾吸收量随之提高,其中吸收量最大时期是在拔节期至抽雄期,分别要吸收46.5%氮、44.9%磷和68.2%钾,因此,此期保证养分的充分供给是非常重要的。此外,授粉至乳熟期玉米对养分仍然保持较高的需求,是形成产量的关键期。玉米一生中吸收的氮最多,钾次之,磷较多。确定具体的氮、磷、钾施肥量应根据土壤养分测定情况确定,施肥一般原则应掌握基肥为主,种肥、追肥为辅。

(三) 玉米水肥一体化技术方案

表 6-1 是制种玉米膜下滴灌施肥方案，可供相应地区生产使用参考。

表 6-1 制种玉米膜下滴灌施肥方案

生育时期	滴灌次数	灌溉定额 [立方米/（亩·次）]	每次灌溉加入的纯养分量（千克/亩）			
			N	P_2O_5	K_2O	$N+P_2O_5+K_2O$
春季	1	225	0	0	0	0
播种前			21	9	6	36
定植	1	18	0	0	0	0
拔节	2	18	2.3	0	0	2.3
抽穗	2	18	4.6	0	0	4.6
吐丝	1	20	4.6	0	0	4.6
灌浆	3	20	4.6	0	0	4.6
蜡熟期	1	18	0	0	0	0
合计	11	413	37.1	9	6	52.1

应用说明：

(1) 本方案适用于西北干旱地区，土壤为灌漠土，土壤 pH 值为 8.1，有机质、有效含量较低，速效钾含量较高。种植模式采用一膜一管二行，不起垄，行距 1 100 毫米，株距 249.6 毫米，亩保苗 4 800 株，目标产量 650 千克/亩。

(2) 春季灌底墒水 225 立方米/亩，起到造墒洗盐作用。

(3) 播种前施基肥。亩施农家肥 3 000~4 000 千克，氮 21 千克，磷 9 千克，钾 6 千克，肥料品种可选用尿素 24 千克/亩，磷酸钾玉米专用肥 100 千克/亩。

(4) 在玉米拔节、抽雄、吐丝、灌浆期分别滴灌施肥 1 次，肥料可用尿素，用量分别为 5 千克/亩、10 千克/亩、10 千克/亩、10 千克/亩其他滴灌时不施肥。

(5) 参照表 6-1 提供的养分数量，可以选择其他的肥料品种组合，并换算成具体的肥料数量。

二、柑橘水肥一体化技术应用

在山地果园进行地面灌溉，灌水量均匀度低，肥水流失量大；在沿海滩涂地区还存在返盐等不利影响。对山地柑橘园适宜的灌溉模式有压力补偿滴灌（自压或加压）及拖管淋灌、渗灌等。施肥方式可采用重力自压施肥法或泵吸肥法。平地可用普通滴灌、微喷灌或膜下水带滴灌。

（一）柑橘需水规律

1. 萌芽坐果期（3—6月）

萌芽坐果期需水量大，我国柑橘产区降水量较多，能满足生长发育的要求。但此时也容易出现水分过多，通气不良，抑制根的生长，应注意及时排水；柑橘开花坐果期对水分胁迫极为敏感，一遇高温干旱容易导致大量落花落果。此时应注意及时灌水或喷水，降温增湿。

2. 果实膨大期（7—9月）

这个时期柑橘叶片光合作用旺盛、果实迅速膨大，需水量大。南方各省正值梅雨过后容易发生干旱的时期，当土壤水分含量低时必须及时灌溉。

3. 果实生长后期至成熟期（10—12月）

土壤水分对果实品质影响较大，果实采收前1月左右停止灌水。果实进入成熟期适当控水，能提高果实糖度和耐储性，促进花芽分化。在采收前1—2个月用透气性的地膜覆盖，果实不仅着色早，而且色泽鲜艳，商品性好。

4. 生产停止期（采收后至翌年3月）

此期气温较低，蒸腾量小，降水量也少。果实采收后，树体抵抗力削弱，尽管已处于相对休眠状态，但如连续干旱，容易引起落叶，影响来年产量。一般应在采收后结合施肥充分灌水，如连续干旱20天以上应继续灌水一次。

柑橘在整个生长发育过程中，都需要水分，但必须适时适量才有利于柑橘的生长。柑橘园的灌溉必须结合树龄和各个物候期对水分的要求、当地的气候条件、土壤含水量等，确定正确的灌水时期和灌水量。灌水时期应根据柑橘对水分的需要量、土壤含水量和气候条件等因素确定。具体方法有经验法和张力计法。

(1) 经验法。在生产实践中可凭经验判断土壤含水量。如壤土和沙壤土,用手紧握形成土团,再挤压时土团不易碎裂,说明土壤湿度大约在最大持水量的50%,一般不进行灌溉;如手捏松开后不能形成土团,轻轻挤压容易发生裂缝,证明水分含量少,及时灌溉。复秋干旱时期还可根据天气情况决定灌水时期,一般连续高温干旱15天以上即需开始灌溉,秋冬干旱可延续20天以上再开始灌溉。

(2) 张力计法。一般可在柑橘园土层中埋两支张力计,一支埋深60厘米,另一支埋深30厘米。30厘米张力计读数决定何时开始灌溉,60厘米张力计读数回零时停止灌溉。当30厘米张力计读数达-15千帕时开始滴灌,滴到60厘米张力计读数回零时为止。当用滴灌时,张力计埋在滴头的正下方。

(二)柑橘需肥规律

1. 柑橘养分需求量

柑橘周年抽梢次数多、结果多、挂果期长,对肥料需求量大。柑橘几乎整年都在抽梢、开花和结果,需要从土壤中吸收一定数量的养分。一般来说,柑橘一年要抽3~4次梢,结果多,落果也多,挂果期长(一般在5个月左右),要消耗大量的营养物质。综合各地研究资料,每生产1 000千克柑橘果实,需氮1.18~1.85千克、五氧化二磷0.17~0.27千克、氧化钾1.70~2.61千克、钙0.36~1.04千克、镁0.17~1.19千克,硼、锌、锰、铁、铜、钼等微量元素含量范围在10~100毫克/千克。

2. 柑橘施肥时期

枝梢生长及果实发育期是养分吸收的时期,通过灌溉系统追肥的时间安排在萌芽前至果实糖分累积阶段。根据目标产量计算总施肥量,施肥分配主要根据其吸收规律来定。在具体的施肥安排上还要分幼年树、初结果树和成年结果树。磷肥一般建议基施。对幼年树而言,全年每株建议施氮0.2千克和钾0.1千克,配合施用沤腐的粪水。初结果树每株全年参考肥量为氮0.4~0.5千克、磷0.1~

0.15千克、钾0.5~0.6千克，配合有机肥10~20千克，其中秋梢肥占40%~50%、春梢肥占20%~25%、基肥占25%~40%。成年结果树已进入全面结果时期，营养生长与开花结果达到相对平衡，调节好营养生长与开花结果的关系，适时适量施肥。一株成年树大致的施肥量为氮1.2~1.5千克、磷0.3~0.35千克、钾1.5~2.0千克，主要分配在花芽分化期、坐果期、秋梢及果实发育期、采果前和采果后。采用少量多次的做法，不管是微喷还是滴灌，全年施肥20次左右。

（三）柑橘水肥一体化技术方案

在水肥一体化技术条件下，更加关注肥料的比例、浓度，而非施肥总量。因为水肥一体化中肥料是少量多次施用的。施肥是否充足，可以从枝梢质量、叶片外观做直观判断。如果发现肥料不足，可以随时增加肥料用量；如果发现肥料充足，也可以随时停止施肥。通常建议是"一梢三肥"，即在萌芽期、嫩梢期、梢老熟期前各施一次肥；果实发育阶段多次施肥，一般半月1次。

表6-2为广西某果园砂糖橘滴灌施肥方案，可供相应地区生产使用参考。

表6-2　广西某果园砂糖橘滴灌施肥方案

生育时期	灌溉次数	灌溉定额[立方米/(亩·次)]	每次灌溉加入的纯养分量（千克/亩）			
			N	P_2O_5	K_2O	$N+P_2O_5+K_2O$
花期	3	3	2.2	1.65	1.65	5.5
幼果期	3	3	2.64	1.98	1.98	6.6
生理落果期	3	5	1.85	1.45	3.30	6.6
果实膨大期	3	5	1.08	0.85	1.93	3.86
果实成熟期	1	4	1.54	1.21	2.75	5.5
合计	13	52	24.85	19.0	29.3	73.15

应用说明：

（1）冬季挖坑，可每株施腐熟有机肥30~60千克、硫酸镁

0.15千克。

(2) 花期滴灌施肥3次，每亩每次施尿素4.1千克、工业级磷酸一铵2.7千克、硫酸钾3.3千克。幼果期滴灌施肥3次，每亩每次施尿素4.9千克、工业级磷酸一铵3.2千克、硫酸钾4.0千克。生理落果期滴灌施肥3次，每亩每次施尿素3.3千克、工业级磷酸一铵2.4千克、硫酸钾6.6千克。果实膨大期滴灌施肥3次，每亩每次施尿素2.0千克、工业级磷酸一铵1.4千克、硫酸钾3.9千克。果实成熟期滴灌施肥1次，每亩施尿素2.8千克、工业级磷酸一铵2.0千克、硫酸钾5.5千克。

(3) 叶面追肥，春梢萌芽期，叶面喷施1 500倍活力硼叶面肥；谢花保果期，叶面喷施1 500倍活力钙叶面肥；果实膨大期，叶面喷施1 500倍活力钙叶面肥2次，间隔期20天。

三、黄瓜水肥一体化技术应用

黄瓜通常起垄种植，适宜的灌溉方式有滴灌、膜下滴灌、膜下微喷带，其中膜下滴灌应用面积最大。滴灌时，可用薄壁滴灌带，厚壁0.2~0.4毫米，滴头间距20~40厘米，流量1.5~2.5升/小时。采用喷水带时，尽量选择流量小的。

(一) 黄瓜需水规律

黄瓜需水量大，生长发育要求有充足的土壤水分和较高的空气湿度。黄瓜吸收的水分绝大部分用于蒸腾，蒸腾速率高，耗水量大。试验结果表明，露地种植时，平均每株黄瓜干物质重133克，单株黄瓜整个生育期蒸腾量101.7千克，平均每株每日蒸腾量1591克，平均每形成1克干物质，需水量765克，即蒸腾系数为765。一般情况下，露地栽培的黄瓜蒸腾系数为400~1 000，保护地栽培的黄瓜蒸腾系数400以下。黄瓜不同生育期对水分需求有所不同，幼苗期需水量少，结果期需水量多。黄瓜植株耗水量大，而根系多分布于浅层土壤中，对深层土壤水分利用率低，植株的正常发育要求土壤水分充足，一般土壤相对含水量80%以上时生长良好，适宜的空气相对湿度为80%~90%。

黄瓜定植后要灌好3~4次水，即稳苗水、定植水、缓苗水等。

在浇好定植缓苗水的基础上,当植株长有4片真叶,根系将要转入迅速伸展时,应顺沟浇一次大水,以引导根系继续扩展。随后就进入适当控水阶段,此后,直到根瓜膨大期一般不浇水,主要加强保摘,提高地温,促进根系向深处发展。结果以后,严冬时节即将到来,植株生长和结瓜虽然还在进行,但用水量也相对减少,浇水不当还容易降低地温和诱发病害。天气正常时,一般7天左右浇一次水,以后天气越来越冷,浇水的间隔时间可逐渐延长到10~12天。浇水一定要在晴天的上午进行,可以使水温和地温更接近,减小根系因灌水受到的刺激,并有时间通过放风排湿使地温得到恢复。

浇水间隔时间和浇水量也不能完全按上面规定的天数硬性进行,还需要根据经验和黄瓜植株的长相、果实膨大增重和某些器官的表现来衡量判断。瓜秧深绿,叶片没有光泽,龙头舒展是水肥合适的表现;卷须呈弧状下垂,叶柄和主茎之间的夹角大于45°,中午叶片有下垂现象,是水分不足的表现,应选晴天及时浇水。浇水还必须注意天气预报,一定要使浇水后能够遇上几个晴天,浇水遇上连阴天是非常被动的事情。

也可通过经验法或张力计法进行确定是否需要灌水和确定灌水时间。在生产实践中可凭经验判断土壤含水量。如壤土和沙壤土,用手紧握形成土团,再挤压时土团不易碎裂,说明土壤湿度大约在最大持水量的50%,一般不进行灌溉;如手捏松开后不能形成土团,轻轻挤压容易发生裂缝,证明水分含量少,及时灌溉。夏秋干旱时期还可根据天气情况决定灌水时期,一般连续高温干旱15天以上即需开始灌溉,秋冬干旱可延续20天以上再开始灌溉。当用张力计检测水分时,一般可在菜园土层中埋1支张力计,埋深20厘米。土壤湿度保持在田间持水量的60%~80%,即土壤张力在10~20厘巴时有利于黄瓜生长;超过20厘巴表明土壤变干,要开始灌溉,张力计读数回零时为止。当用滴灌时,张力计埋在滴头的正下方。

(二)黄瓜需肥规律

黄瓜的营养生长与生殖生长并进时间长,产量高,需肥量大,喜肥但不耐肥,是典型的果蔬型瓜类作物。每1 000千克商品瓜需氮 2.8~3.2 千克、五氧化二磷 1.2~1.8 千克、氧化钾 3.3~4.4 千克、氧化钙 2.9~3.9 千克、氧化镁 0.6~0.8 千克。氮、磷、钾比例为 1:0.4:1.6。黄瓜全生育期需钾最多，其次是氮，再次为磷。

黄瓜对氮、磷、钾的吸收是随着生育期的推进而有所变化的，从播种到抽蔓吸收的数量增加；进入结瓜期，对各养分吸收的速度加快；到盛瓜期达到最大值，结瓜后期则又减少。它的养分吸收量因品种及栽培条件而异。各部位养分浓度的相对含量，氮、磷、钾在收获初期偏高，随着生育时期的延长，其相对含量下降；而钙和镁则是随着生育期的延长而上升。

（三）黄瓜水肥一体化技术方案

表 6-3 是日光温室越冬黄瓜滴灌施肥方案，可供日光温室越冬黄瓜生产使用参考。

表 6-3 日光温室越冬黄瓜滴灌施肥方案

生育时期	灌溉次数	灌溉定额[立方米/（亩·次）]	每次灌溉加入的纯养分量（千克/亩）			
			N	P_2O_5	K_2O	N+P_2O_5+K_2O
定植前	1	22	15.0	15.0	15.0	45
苗期	2	9	1.4	1.4	1.4	4.2
开花期	2	11	2.1	2.1	2.1	6.3
采收期	17	12	1.7	1.7	3.4	6.8
合计	22	266	50.9	50.9	79.8	181.6

应用说明：

（1）本方案适宜于日光温室越冬茬黄瓜，土壤肥力中等地块，宽窄行种植，每亩定植 2 900~3 000 株，目标产量 13 000~15 000 千克/亩。

（2）定植前施基肥，每亩施用腐熟的畜禽肥 3 000~4 000 千克+15-15-15 的复合肥 100 千克/亩。第一次灌水用沟灌浇透，浇水量 22 立方米/（亩·次），以促进有机肥的分解和和沉实土壤。

（3）定植至开花期。进行 2 次滴灌施肥，滴灌用水 9 立方米/

(亩·次)；肥料选用专用复合肥料（20-20-20）7千克/亩或相当量的冲施肥。

(4) 开花至坐果期。滴灌施肥2次，滴灌用水11立方米/(亩·次)；肥料选用专用复合肥料（20-20-20）10.5千克/亩或相当量的冲施肥。

(5) 采收期。一般7~9天要进行1次滴灌施肥，滴灌用水12立方米/(亩·次)；肥料选用专用复合肥料（20-20-20）10.5千克/亩或相当量的冲施肥。在滴灌施肥的基础上，可根据植株长势，叶面喷施磷酸二氢钾、钙肥和微量元素肥料。

(6) 参照表6-3提供的养分数量，可以选择其他的肥料品种组合，并换算成具体的肥料数量。

第七章 农药施用概述

第一节 农药的基本概念

一、农药的含义

按《中国农业百科全书·农药卷》的定义，农药主要是指用来防治为害农林牧业生产的有害生物（害虫、害螨、线虫、病原菌、杂草及鼠类）和调节植物生长的化学药品，但通常也把改善有效成分和物理、化学性状的各种助剂包括在内。

事实上，农药不仅在农业上应用，许多农药同时也是卫生防疫、工业品防腐、防蛀和提高畜牧产量等方面不可缺少的药剂。因而，随着科学的发展和农药的广泛应用，农药的含义和所包括的内容也在不断地充实和发展。广义的农药还包括有目的地调节植物与昆虫生长发育、杀灭家畜体外寄生虫及人类公共环境中有害生物的药物。

从长远的观点和站在植物生理性病害防治的角度来考虑，化学肥料和一些能提高植物抗逆性的化学物质也可以纳入农药的范畴。概括地说，凡是可以用来保护和提高农业、林业、畜牧业生产以及用于环境卫生的药剂，都可以叫作农药。

二、农药的分类

农药的分类多种多样，依据不同，划分的类型也各不相同。

根据防治对象，农药可分为杀虫剂、杀菌剂、杀螨剂、杀线虫剂、杀鼠剂、除草剂、脱叶剂、植物生长调节剂等。

根据原料来源，农药可分为有机农药、无机农药、植物性农药、微生物农药。此外，还有昆虫激素。

根据加工剂型，农药可分为粉剂、可湿性粉剂、可溶性粉剂、乳剂、乳油、浓乳剂、乳膏、糊剂、胶体剂、熏烟剂、熏蒸剂、烟雾剂、油剂、颗粒剂、微粒剂等。

为了便于认识、研究和使用农药，可根据农药的用途进行分类，常用的有以下几类。

（一）杀虫剂

杀虫剂是对昆虫机体有直接毒杀作用，以及通过其他途径可控制其种群形成或可减轻、消除害虫为害程度的药剂。可用来防治农、林、牧业、卫生及仓储等害虫或有害节肢动物，是当前我国农药中使用品种和数量最多的一类。按其成分又可将杀虫剂分为以下三类。

1. 无机杀虫剂

无机杀虫剂，即有效成分为无机化合物的杀虫剂。常见的无机杀虫剂有无机氟杀虫剂和无机砷杀虫剂。因为无机杀虫剂的杀虫效果和对人、畜及作物的安全性不如有机合成的杀虫剂，所以用量日趋减少，并逐步被其他药物所取代。

2. 有机杀虫剂

有机杀虫剂，即有效成分为有机化合物的杀虫剂。按其来源又可分为天然的有机杀虫剂和人工合成的有机杀虫剂。天然的有机杀虫剂是指利用植物或矿物原料经过物理机械加工而制成的药剂。常见植物性的有机杀虫剂有除虫菊、鱼藤、巴豆等，常见矿物性的有机杀虫剂有石油乳剂等。人工合成的有机杀虫剂是指利用各种原料进行人工合成，而且其有效成分为有机化合物药剂，这类药剂数量大、品种多、发展快，约占杀虫剂的90%，是20世纪40年代才发展起来的药剂。根据其化学成分可分为以下几类。

（1）有机磷杀虫剂。有机磷杀虫剂又叫膦酸酯类杀虫剂，其有效成分的分子结构中均含有磷元素，如美曲膦酯（敌百虫）、敌敌畏、马拉硫磷、倍硫磷、二溴磷等。

（2）有机氯杀虫剂。有机氯杀虫剂是指具有杀虫作用的含有氯元素的有机化合物，如毒杀芬、氯丹、林丹等。这类药剂大多数性质稳定，施用后不易被分解，能够通过环境与食品的残留而进入人体、畜体内积累，有碍人、畜健康，因而将逐步被限制并禁止使用。

(3) 除虫菊酯类杀虫剂。除虫菊酯类杀虫剂属于仿生制剂，即仿照除虫菊体内所含的杀虫有效成分——除虫菊素而人工合成的一类杀虫剂。由于该类药剂具有效果好、无残毒、用量少、作用迅速等特点，自问世以来，发展很快。但大多数品种，我国目前仍不能工业化生产，主要依靠进口，如S-氰戊菊酯、氰戊菊酯、甲氰菊酯、高效氯氰菊酯、溴氰菊酯等。

(4) 复配剂。复配剂是指由两种或两种以上的有机杀虫剂经科学混配而成的一类杀虫剂，这是近几年来新发展起来的一类药剂。科学研究证明，有些药剂两两混合之后，不仅能提高效果、扩大杀虫范围，而且能延缓害虫抗性产生、降低使用成本等。如灭杀毙就是典型的一种，它是由马拉硫磷和氰戊菊酯的混合物组成，既具有菊酯类农药用量少、效果好的优点，也克服了菊酯类农药对红蜘蛛、蚜虫等效果较差和易产生抗性的缺点，深受群众欢迎。随着时间的推移和农药科学的发展，这类药剂将会得到更广泛的应用。

(5) 其他杀虫剂。如氟乙酰胺、巴丹等。

3. 微生物杀虫剂

微生物杀虫剂是利用微生物或其代谢物来防治害虫的药剂。按照微生物的类别，可分为如下几类。

(1) 细菌性杀虫剂。苏云金杆菌、青虫菌、杀螟杆菌等。
(2) 真菌杀虫剂。白僵菌、绿僵菌、虫生藻菌等。
(3) 病毒杀虫剂。核型多角体病毒、质型多角体病毒等。
(4) 线虫杀虫剂。六索线虫等。

(二) 杀螨剂

杀螨剂是用来防治为害植物或居室中的蜱螨类的农药，防治对象包括叶螨类、壁虱类等。

常见的杀螨剂品种有溴螨酯、阿维菌素、螺螨酯、唑螨酯等。

(三) 杀菌剂

杀菌剂对病原微生物能起到杀死、抑制或中和其有毒代谢物的作用，因而可使植物及其产品免受病菌为害或可消除病症、病状。有些杀菌剂虽然没有直接杀菌或抑菌作用，但是能诱导植物产生抗病性，从而有助于抑制病害的发展与为害。

杀菌剂按其成分可分为如下几类。

(1) 无机杀菌剂。无机杀菌剂是具有杀菌作用的一类无机物质，如硫酸铜、硫黄粉、氟硅酸钠等。

(2) 有机杀菌剂。有机杀菌剂是具有杀菌作用的一类有机化合物。按其化学成分可分为有机硫杀菌剂、有机砷杀菌剂、有机磷杀菌剂、有机氯杀菌剂、有机汞杀菌剂（已禁用）、有机锡类杀菌剂、酚类杀菌剂、醛类杀菌剂等。

(3) 抗生素。抗生素指一类由微生物代谢所产生的杀菌物质。重要的品种有放线酮、春雷霉素、灭瘟素、井冈霉素等。

(4) 植物杀菌素。植物杀菌素是指存在于植物体内的具有杀菌作用的一类化学物质。如大蒜中存在的植物杀菌素——大蒜素，对多种病原苗都有较强的抑制作用。大蒜素的类似化合物乙基大蒜素对甘薯黑斑病、棉花苗病等多种病害都有良好的防治效果，其加工品抗菌剂401、402已广泛应用于生产实际。

(四) 杀线虫剂

杀线虫剂是用于防治植物寄生性线虫的化学药剂。根据药剂的选择性与使用方法，可分为3种类型。

(1) 土壤处理剂。土壤处理剂包括具有土壤熏蒸消毒作用（如氯化苦、二溴氯丙烷等）和不具熏蒸作用以触杀作用为主两种（如涕灭威等）。这类杀线虫剂还兼有杀灭土壤中病菌、土栖昆虫或杂草的作用。

(2) 叶面喷洒处理剂（克线磷），可通过叶面内吸输导杀灭根部和叶面线虫，这类药剂具有选择性，对植物较安全。

(3) 种子处理剂（杀螟丹、浸种灵），可用于种子处理。

(五) 除草剂

除草剂是用来杀灭草坪或人工环境中非目标植物的一类农药。根据对植物作用的性质，分为灭生性除草剂和选择性除草剂。前者使用后可杀死大多数植物，可用于森林防火带杀死树木以及场地、道路、建筑物处灭杀杂草或灌木等，也可用于农田播种前除草。后者使用后能有选择地杀死某些种类的植物，而对另一些种类的植物无害，多用于农田除草。根据除草剂的作用方式可分为触杀型除草剂、内吸传导型除草剂、激素型除草剂。

（六）杀鼠剂

杀鼠剂是专门用来防治农田、牧场、粮仓、厂房、草坪和室内鼠类等啮齿动物的农药。杀鼠剂大都是胃毒剂，用以配制毒饵诱杀。常用杀鼠剂对人和家畜有剧毒。大多已禁用。通常可分为无机类（如磷化锌）、抗凝血素类（如敌鼠钠、敌鼠酮、溴敌隆和大隆等）、植物类（如红海葱）和其他类（如毒鼠磷、甘氟、灭鼠优等）。

（七）植物生长调节剂

植物生长调节剂是一类专门用于调节和控制植物生长发育的农药。这类农药使用量很低，处理植物后可达到促进或抑制发芽，促进生根和枝叶生长，促进开花结果，提早成熟，形成无籽果实，防止徒长，调控株型，疏花疏果或防止落花、落果，增强抗旱、抗寒、抗早衰和抗倒伏能力等多种生理作用。如控制植物生长的矮壮素、促进草坪生长的草坪促茂剂、改造观赏植物株型的助壮素等。生长调节剂按其作用特点，又可分为生长素类、赤霉素类、细胞分裂素类、成熟素（乙烯）类和脱落酸类等。

（八）杀软体动物剂

杀软体动物剂是指能用于防治蜗牛、钉螺等软体动物的药剂，如蜗牛敌、贝螺杀、蜗螺净等。

第二节 农药科学施用

一、科学使用农药注意事项

1. 对症下药

各类农药的种类很多，特点不同，应针对要防治的对象，选择最适合的种类，防止误用；并尽可能选用对天敌杀伤作用小的种类。

2. 适时施药

现在各地已对许多重要病、虫、草、鼠制定了防治标准，即常说的防治指标。根据调查结果，达到防治指标的田块应该施药防治，没达到指标的不必施药。施药时间一般根据有害生物的发育期、作物生长进度和农药品种而定，还应考虑田间天敌状况，尽可能躲开天敌对农药敏感期施用。既不能单纯强调"治早、治小"，也不能错过有利时期。特别是除草剂，施用时既要看草情，还要看"苗"情。

3. 适量施药

任何种类农药均需按照推荐用量使用，不能任意增减。为了做到准确，应将施用面积量准，药量和水量称准，不能草率估计，以防造成作物药害或影响防治效果。

4. 均匀施药

喷布农药时必须使药剂均匀周到地分布在作物或害物表面，以保证取得好的防治效果。现在使用的大多数内吸杀虫剂和杀菌剂，以向植株上部传导为主，称"向顶性传导作用"，很少有向下传导的农药品种，因此也要喷洒均匀周到。

5. 合理轮换用药

多年实践证明，在一个地区长期连续使用单一种类农药，容易使有害生物产生耐药性，特别是一些菊酯类杀虫剂和内吸性杀菌剂，连续使用数年，防治效果即大幅度降低。轮换使用作用机制不同的品种，是延缓有害生物产生耐药性的有效方法之一。

6. 合理混用

合理地混用农药可以提高防治效果，延缓有害生物产生耐药性或兼治不同种类的有害生物，节省人力。混用的主要原则是：混用必须增效，不能增加对人、畜的毒性，有效成分之间不能发生化学变化，例如遇碱分解的有机磷杀虫剂不能与碱性强的石硫合剂混用。不宜储存，要随用随配。

为了达到提高施药效果的目的，可将作用机制或防治对象不同的两种或两种以上的商品农药混合使用。

有些商品农药可以同时混合使用，有的在混合后要立即使用，有些则不可以混合使用或没有必要混合使用。在考虑混合使用时必须有目的，如为了提高药效，扩大杀虫、除草、防病或治病范围，同时兼治其他虫害、病害，达到迅速消灭或抑制病、虫、草为害的效果，防治抗性病、虫和草，或用混合使用方法来解决农药不足的问题等。但不可盲目混用，因为有些种类的农药混合使用时不仅起不到好的作用，反而会使药剂的质量变坏或使有效成分分解失效，浪费了药剂。

除草剂之间的混用较为普遍，市售的很多除草剂产品本身就是混剂，如丁·苄（丁草胺+苄嘧磺隆）、二氯—苄（二氯喹啉酸+苄嘧磺隆）、禾田净（禾草特+西草津+二甲四氯）、威罗生（戊草净+哌草磷）、丁·噁（丁草胺+噁草酮）、新得力（苄嘧磺隆+甲磺隆）、玉丰（扑草净+莠去津）、乙·赛（乙草胺+莠去津）等。除草剂的混用除了提高药效和扩大杀草谱外，还有一个很重要的目的是降低单剂的使用剂量，从而防止对作物产生药害。

7. 注意安全采收间隔期

各类农药在施用后分解速度不同，残留时间长的品种，不能在临近收获期使用。有关部门已经根据多种农药的残留试验结果，制定了《农药安全使用标准》和《农药安全使用准则》，其中规定了各种农药在不同作物上的"安全间隔期"，即在收获前多长时间停止使用某种农药。

8. 注意保护环境

施用农药需防止污染附近水源、土壤等，一旦造成污染，可能影响水产养殖或人、畜饮水等，而且难以治理。不过，只要按照使用说明书正确施药，一般不会造成环境污染。

二、安全使用农药注意事项

（一）施药人员应符合要求

（1）施药人员应身体健康，经过专业技术培训，具备一定的植保知识，严禁儿童、老人、体弱多病者以及经期、孕期、哺乳期妇女参与施用农药。

（2）施药人员需要穿着防护服，不得穿短袖上衣和短裤进行施药作业；身体不得有暴露部分；需穿戴舒适、厚实的防护服，能吸收较多的药雾而不至于很快进入衣服的内侧，棉质防护服通气性好于塑料防护服；使用背负式手动喷雾器时，应穿戴防渗漏披肩；防护服要保持完好无损，施药作业结束后，应尽快把防护服清洗干净。

（二）施药时间应安全

（1）应选择好天气施药。田间的温度、湿度、雨露、光照和气流等气象因子对施药质量影响很大。在刮大风和下雨等气象条件下施用农药，对药效影响很大，不仅污染环境，而且易使喷药人员中毒。刮大风时，药雾随风飘扬，使作物病菌、害虫、杂草表面接触到的药液减少；即使已附着在作物上的药液，也易被吹散挥发，振动散落，大大降低防治效果；刮大风时，易使药液飘落到施药人员身上，增加中毒机会；刮大风时，如果施用除草剂，易使药液飘移，有可能造成药害。下大雨时，作物上的药液被雨水冲刷，既浪费了农药又降低了药效，且污染环境。应避免在雨天及风力大于 3 级的条件下施药。

（2）应选择适宜的时间施药。在气温较高时施药，施药人员易发生中毒。由于气温较高，农药挥发量增加，田间空气中农药浓度上升，加之人体散热时皮肤毛细血管扩展，农药经皮肤和呼吸道吸引起中毒的危险性就增加。所以喷雾作业时，应避免夏季中午高温（30℃以上）的条件下施药。夏季高温季节喷施农药，要在 10 时前和 16 时后进行。对光敏感的农药选择在 10 时以前或傍晚施用。施药人员每天喷药时间一般不得超过 6 小时。

（三）施药操作应规范

1. 田间施药

（1）进行喷雾作业时，应尽量采用降低容量的喷雾方式，把施药液量控制在 300 升/公顷（20 升/亩）以下，避免采用大容量喷雾方法。喷雾作业时的行走方向应与风向垂直，最小夹角不小于 45°。喷雾作业时要保持人体处于上风方向喷药，实行顺风、隔行前进或退行，避免在施药区穿行。严禁逆风喷洒农药，以免药雾吹到操作者身上。

（2）为保证喷雾质量和药效，在风速过大（大于5米/秒）和风向常变不稳时不宜喷雾。特别是在喷洒除草剂时，当风速过大时容易引起雾滴飘移，造成邻近敏感作物药害。在使用触杀性除草剂时，喷头一定要加装防护罩，避免雾滴飘失引起的邻近敏感作物药害。另外，喷洒除草剂时喷雾压力不要超过0.3兆帕，避免高压喷雾作业时产生的细小雾滴引起雾滴飘失。

2. 设施内施药

在温室大棚等设施内施药时，应尽量避免常规大容量喷雾技术，最好采用低容量喷雾法。若采用烟雾法、粉尘法、电热熏蒸法等施药技术，应在傍晚进行，并同时封闭棚室。第二天将棚室通风1小时后人员方可进入。

如在温室大棚内进行土壤熏蒸消毒，处理期间人员不得进入棚室，以免发生中毒。

第八章 精准施药技术

第一节 确定用药量和浓度

一、农药和配料取用量的计算

农药的用量要根据其剂型的有效成分含量来计算。在商品农药的标签和说明书中，一般均标明该药剂的有效成分含量。我国的农药商品均直接用百分数（%）标明含量，国际上采用统一的代码和数字表示。

使用农药前应仔细看商品标签或说明书，一方面可避免误用，另一方面可看清有效成分含量，避免错配。有许多农药虽使用同一名称，但有多种规格，如不注意就容易用错。近年来进口农药很多，更应注意。在进口农药中有效成分的浓度、含量常采用另外一种表示方法。例如，溴氰菊酯（Dtcts，即敌杀死）的 3 种剂型，即

Decis EC：25g/L（乳油：25 克/升）

ULV Concentrate：10g/L（超低容量油剂：10 克/升）

GR：0.5 g/千克（粒剂：0.5 克/千克）

分别用每升（L）制剂或每千克（千克）制剂中所含的有效成分量来表示。这种表示方法一目了然，不易出错。我国习惯用的百分浓度表示法则比较容易出错，用户在购买农药时必须注意。

农药的取用量可根据标签上标明的含量来计算，其计算公式为：

农药制剂取用量（升）= 每公顷需用有效成分量（克）÷制剂中的有效成分含量（克/升）

配制农药所用的配料（稀释剂）最常用的是水。当农药用量确定后，水的取用量同喷雾量有关。这里最容易出的差错是预期喷雾

量和实际喷雾量不一致，从而导致田间实际用药量发生变化。例如，预期每公顷用药量为750克，喷雾量为75升水。配制成药液后，结果不够喷或者药液有多余而喷到别的地块上去了，就会导致用药量额外增加或一部分田块受药少而另一部分受药多。因此，水的用量要根据田间作物生长状况来认真确定。这种情况与使用人员的实践经验也有关。在没有经验的情况下，应先进行试喷（用清水喷雾），根据确定的喷雾量调节喷雾时的行进速度，把行进速度控制在刚好能把所需药水量基本喷在农田中。

二、农药浓度的表示方法

农药使用前需配制成具有一定浓度的药液，便于在田间喷洒。这种使用浓度通常包括有效浓度和稀释浓度两种，前者是指农药的有效成分稀释液，用百分浓度和百万分浓度来表示，后者指农药制剂的稀释液，一般用倍数法表示。

（一）百分浓度

百分浓度是指一百份药液中含有效成分的份数。它又分为质量百分浓度和容量百分浓度。固体之间或固体与液体之间的配药常用质量百分浓度，液体之间的配药常用容量百分浓度。

（二）百万分浓度

百万分浓度，用毫克/千克或10^{-3}毫升/升表示，指百万份药液中所含的有效成分的份数。常用于浓度很低的农药。

（三）倍数法

药液（或药粉）中稀释剂（水或填充料等）的量与原药量的比数（也称倍数）。倍数法如不注明按容量稀释，则均按质量稀释。这两种稀释之间的差异随着稀释倍数的增大而减小。在实际应用中，倍数法又分为内比法和外比法两种。

（1）内比法适用于稀释倍数在100以下的情况，计算时要扣除原药剂所占的一份。如稀释80倍时，即用原药剂1份加稀释剂79份。

（2）外比法适用于稀释倍数在100倍以上的情况，计算时不必扣除原药剂所占的一份，如稀释 500 倍即用原药剂一份加稀释剂 500 份。

三、农药的稀释方法

农药正确的稀释方法是保证药效的一个重要方面，许多农民在配制药液时忽视了这一环节，不仅降低了药效，还造成人力、农药的巨大浪费。不同剂型的农药，其稀释方法是不同的。

（一）液体农药的稀释方法

根据药液稀释量的多少及药剂活性的大小而定。防治用液量少的药剂可直接进行稀释，即在准备好的配药容器内盛放好所需用的清水，然后将定量药剂慢慢倒入水中，用小木棍轻轻搅拌均匀，便可供喷雾使用。如在大面积防治中需配制较多的药液量，需采用两步配制法，其具体做法是先用少量的水将农药稀释成母液，再将配制好的母液按稀释比例倒入准备好的清水中，不断搅拌直至均匀。

（二）可湿性粉剂的稀释方法

通常也采取两步配制法，即先用少量水配成较浓稠的母液，进行充分搅拌，然后再倒入药水桶中进行最后稀释。这种方法可保证药剂在水中分散均匀。因为可湿性粉剂如果质量不好，粉粒往往团聚在一起成较大的团粒，如直接倒入药水桶中配制，则粗粒团尚未充分分散便立即沉入水底，这时再行搅拌就比较困难。两步配制法需要注意的问题是，所用的水量要等于所需用水的总水量，否则，将会影响预期配制的药液浓度。

（三）粉剂农药的稀释方法

一般粉剂农药在使用时不需稀释，但当作物植株高大、生长茂密时，为使有限的药粉均匀喷洒在作物表面，可加入一定量的填充剂进行稀释。

具体方法如下。

（1）取一部分填充料，将所需的粉剂混入搅拌均匀。

（2）再取一部分填充料加入搅拌，这样反复添加，不断搅匀，直至所需用的填充料全部加完。

粉剂在稀释时操作者必须做好安全防护措施，穿戴好长裤、口罩、橡胶手套等，同时，操作现场必须冲洗，以免污染环境。

（四）颗粒剂的稀释方法

颗粒剂其有效成分较低，大多在5%以下，因此，颗粒剂可借助于填充料在稀释后再使用。可采用干燥均匀的小土粒或化学肥料作填充料，使用时只要将颗粒剂与填充料充分拌匀即可。但在选用化学肥料作为填充料时应注意农药和化肥的酸碱性，避免混后引起农药分解失效。

第二节 农药的混合调制

一、液态制剂的混合调制

一般来说，只要掌握好药剂的性质，参照有关资料即可进行混合配制。但是，由于我国还有不少农药的剂型尚未标准化或产品质量不合格，在实际进行混配之前仍应仔细了解药剂的性质，甚至还需进行必要的试验。例如，我国生产的一种菊马合剂乳油不能与百菌清可湿性粉剂混配，否则就会出现絮结现象。这是两种剂型之间的变化，而两种有效成分并没有发生什么变化，但制剂絮结后会影响喷雾和防治效果。

另外，有一些比较特殊的情况，在混合调制时应注意操作程序。

（一）碱性药物与易在碱性条件下分解的药剂的混合

有一些是允许临时混合、随配随用的。例如，石硫合剂是最常用的一种碱性药剂，它与敌百虫可以随配随用。但在调制时要注意以下几点。

（1）两种农药必须分别先配制等量药液，这时应把浓度各提高1倍，这样当两液相混时，在混合液中的浓度就刚好达到最初的要求。

（2）混合时应把碱性药液（石硫合剂）向敌百虫水溶液中倒，同时进行迅速搅拌。这样，混合液的氢离子浓度降低（即pH值增加）比较缓慢。

(3) 敌百虫的结晶容易结块，比较难溶，往往需要用热水或加温来促使其溶解。这样得到的溶液是热溶液，必须使它充分冷却之后再与石硫合剂溶液混合，因为敌百虫的碱性分解在受热的情况下速度显著加快。碱性药剂较常用的还有波尔多液以及松脂合剂等。松脂合剂的碱性更强。

（二）浓悬浮剂的使用

几乎没有一种浓悬浮剂不存在沉淀现象，即在存放过程中上层逐渐变稀而下层变浓稠。一些国产的悬浮剂还会发生下层结块的现象，一般的振摇或用棍棒搅拌都很难使之散开。因此，使用此种制剂配制药液时，必须采取两步配制法。

首先必须保证浓悬浮剂形成均匀扩散液。在搅散浓悬浮剂沉淀物时，如果整瓶药要一次用完，可以用水帮助冲洗。但如一次用不完整瓶药，则必须用棒或其他机械办法把沉淀物彻底搅开，并彻底搅匀后再取用。否则，先取出的药含量低而剩余的药含量增高，使用时就会发生差错。这一点在使用浓悬浮剂时必须十分注意。用水冲洗浓悬浮剂沉淀物时，必须把冲洗用水计算在总用水量中。

（三）可溶性粉剂的使用

可溶性粉剂都能溶于水，但是溶解的速度有快有慢。所以不能把可溶性粉剂一次性投入大量水中，也不能直接投入已配制好的另一种农药的药液中，必须采取两步配制法，即先配制小水量的可溶性粉剂溶液，再稀释到所需浓度；或先配成可溶性粉剂的溶液，再与另一种农药的喷雾液相混合。在配制过程中也必须注意记录水的取用量。

二、粉剂的混合调制

粉剂的混合，如果没有专门的器具，比液态制剂更难于混合均匀。用户如需进行较大量的粉剂混合，最好利用专用的混合机械，这种器械必须能加以密闭，使粉尘不易飞扬，比较安全，混合的效果也好。在露地上用木锨或铁锨拌和，很难做到混合均匀，而且粉尘飞扬，危险性很大。

进行小量粉剂的混合时，可以采取下述方法。

(一) 塑料袋内混合

先用密封性能良好的比较厚实的塑料袋,把所需混合的粉剂分别称量好以后放到塑料袋内,把袋口扎紧封死。注意一定要在袋内留出约1/3的空间。把塑料袋放在平整的地面或桌面上,从不同方向加以揉动,使袋内粉体反复流动,最后把塑料袋捧在手中上下、左右抖动,使粉尘在袋内翻腾起来。如此处理,可以使粉剂得到充分混合。

(二) 分层交叉混合

对于体积较大、不便在塑料袋内一次混合的粉剂,可采取本法。选择平整的地面,铺上足够大的塑料布(需在避风处进行操作)。把准备混合的两种粉剂称量好。用木锨或边缘钝滑的金属锨或塑料把粉剂铺到塑料布上,按如下步骤操作。

(1) 两种粉剂分层铺到塑料布上。一层甲种粉剂一层乙种粉剂,层次越薄越好。

(2) 用锨把药粉翻拌均匀,然后把粉堆划分为4块。

(3) 把对角交叉的两块粉堆分别互相混合,混成一体后,再分为交叉的4块,如上法重复处理一遍。如此处理,次数越多则混合越均匀。

(4) 最后形成的混合粉体,可分成若干份用塑料袋混合法加以振动混合,则可使粉粒充分分散、混合均匀。

采用分层交叉混合方法时,因为粉体是暴露在空气中的,不可能没有粉尘飞扬,所以必须佩戴风镜、口罩等防护用品。

第三节 掌握喷雾技术

一、选择合适的喷雾法

用喷雾机具将液态农药呈雾状分散体系喷洒的施药方法称为喷雾法。根据喷雾机具、作业方式、施药液量、雾化程度、雾滴运动特性等参数,可以分为各种各样的喷雾方法。

(一) 根据喷雾机具及所用动力分类

对于大多数农药使用者来讲，更习惯根据喷雾机具及所用的动力来把农药喷雾技术进行分类。根据喷雾机及所用的动力可以把喷雾技术分为手动喷雾法、背负机动风送喷雾法、大田喷杆喷雾法、手持电动圆盘喷雾法、飞机喷雾法和果园喷雾法等。

(二) 根据施药液量分类

喷雾过程中施药液量的多少大体是与雾化程度相一致的。采用粗雾喷洒，就需要大的施药液量；而采用细雾喷洒方法，就需要采用低容量或超低容量喷雾方法。

1. 大容量喷雾法

每公顷施药液量在600升以上（大田作物）或1 000升以上（树木或灌木林）的喷雾方法称大容量喷雾法，也称常规喷雾法或传统喷雾法。大容量喷雾方法的雾滴粗大，所以也称粗喷雾法。大容量喷雾法是采取液力式雾化原理，使用液力式雾化部件（喷头）进行喷雾的，适应范围广。在喷洒杀虫剂、杀菌剂、除草剂等作业时均可采用，是我国应用最普遍的方法。但采用大容量喷雾法田间作业时，粗大的农药雾滴在作物靶标叶片上极易发生液滴聚并，引起药液流失，致使农药利用率水平较低。

2. 中容量喷雾法

每公顷施药液量在200~600升（大田作物）或500~1 000升（树木或灌木林）的喷雾方法。中容量喷雾法与大容量喷雾法之间的区分并不严格。中容量喷雾法是采取液力式雾化原理，使用液力式雾化部件（喷头）进行喷雾的，适应范围广。在喷洒杀虫剂、杀菌剂、除草剂等作业时均可采用。中容量喷雾法田间作业时，农药雾滴在作物靶标叶片上也会发生重复沉积，引起药液流失，但流失现象比大容量喷雾法轻。

3. 低容量喷雾法

每公顷施药液量在50~200升（大田作物）或200~500升（树木或灌木林）的喷雾方法。低容量喷雾法雾滴细、施药液量小、工效高、药液流失少、农药有效利用率高。

对于机械施药而言，可以通过控制药液流量调节阀、机械行走速度和喷头组合等实施低容量喷雾作业；对于手动喷雾器，可以通过更换小孔径喷片等措施来实施低容量喷雾。另外，采用双流体雾化技术，也可以实施低容量喷雾作业。

4. 很低容量喷雾法

每公顷施药液量在5~50升（大田作物）或50~200升（树木或灌木林）的喷雾方法。很低容量喷雾法和低容量喷雾法之间并不存在绝对的界线。很低容量喷雾法工效高、药液流失少、农药有效利用率高，但容易发生雾滴飘移。其雾化原理可以是液力式雾化，通过更换喷洒部件实施；也可以是低速离心雾化原理；采用双流体雾化技术，也可以实施很低容量喷雾作业。

5. 超低容量喷雾法

每公顷施药液量在5升以下（大田作物）或50升（树木或灌木林）以下的喷雾方法，雾滴直径小于100微米，属细雾喷洒法。其雾化原理是采取离心雾化法或称转碟雾化法，雾滴直径决定于圆盘（或圆杯等）的转速和药液流量，转速越快雾滴越细。超低容量喷雾法的施药液量极少，必须采取飘移喷雾法。由于超低容量喷雾法雾滴细小，容易受气流的影响，因此施药地块的布局以及喷雾作业的行走路线、喷头高度和喷幅的重叠都必须严格设计。同时，由于超低容量喷雾法雾滴细小，在达到作物靶标前易蒸发飘失，应选用油剂农药。

（三）根据喷雾方式分类

在喷雾作业时，人们利用各种各样的技术手段，或者使雾滴直接沉积到靶标表面，或者利用雾滴的飘移作用增加喷幅，或者把流失的雾滴回收重新利用。

1. 飘移喷雾法

利用风力把雾滴分散、飘移、穿透、沉积在靶标上的喷雾方法称为飘移喷雾法。飘移喷雾法的雾滴按大小顺序沉降，距离喷头近处飘落的雾滴多而大，远处飘落的雾滴少而小。雾滴越小，飘移越远。据测定直径10微米的雾滴，飘移可达千米之远。而喷药时的工作幅宽不可能这么宽，每个工作幅宽内降落的雾滴是多个单程喷洒雾滴沉积累积的结果，所以飘移喷雾法又称飘移累积喷雾法。飘移喷雾法可以有比较宽的工作幅宽，比常规针对性喷雾法有较高的工作效率并减少能量消耗。在防治突发性、暴发性害虫中能够起到重要作用。其缺点是喷施的小雾滴容易被自然风吹离目标区域以外而飘失。超低量喷雾机在田间作业时须采用飘移性喷雾法。

2. 定向喷雾法

同飘移喷雾法相对的喷雾方法，指喷出的雾流具有明确的方向性。取得定向喷雾可以采取如下措施。

（1）调整喷头的角度，使喷出的雾流针对农作物（靶标）而运动，手动或机动喷雾机利用这一方法进行定向喷雾。

（2）强制性的定向沉积，利用适当的遮挡材料把作物或杂草覆盖起来而在覆盖物下面喷雾，使雾滴直接沉积到下面的杂草或作物上。

3. 针对性喷雾法

针对性喷雾是定向喷雾的一种，即通过配置喷头和调整喷雾角度，使雾滴沉积分布到作物的特定部位。

4. 置换喷雾法

对株冠层大而浓密的果园喷雾，雾滴很难直接沉积到冠层内部的叶片上，利用风机产生的强大气流裹挟雾滴进入冠层内，置换株冠层内原有空气而沉积在株冠层内的喷雾方法。农药沉积分布均匀，农药有效利用率高，可以实现低容量喷雾，省工省时，但必须通过风送式果园喷雾机实现。

5. 静电喷雾法

通过高压静电发生装置使雾滴带电喷施的喷雾方法。静电喷雾法的工作原理可分为药液液丝充电、带电后雾滴碎裂和带电雾滴在靶标表面沉积三部分。带电雾滴与不带电雾滴在作物表面上的沉积有显著差异。由于静电作用，带电雾滴在一定距离内对生物靶标产生撞击沉积效应，并可在静电引力的作用下沉积到叶片背面，将农药有效利用率提高到90%以上，节省农药，并消除了雾滴飘移，减少对环境的污染。静电喷雾需要静电喷雾机和专用的油剂，其缺点是带电雾滴对高郁闭度作物株冠层的穿透力较差。

静电喷雾作业受天气的影响相对较小，早晚和白天均可进行喷雾，适用于有导电性的各种农药制剂。但是静电喷雾器需要有产生直流高压电的发生装置，因而机器的结构比较复杂，成本也就比较高。

6. 循环喷雾法

利用药液回收装置，将喷雾时没有沉积在靶标上的药液进行回收并循环利用的喷雾技术，可以提高农药利用率，减轻环境污染。其工作原理是在喷洒部件的对面加装单个或多个雾滴回收（或回吸）装置，回收的药液聚集在单个或多个集液槽内，经过滤后再输送返回药液箱。

循环喷雾在果园风送液力喷雾上发展比较成熟，已经有多种样机在生产上使用。循环喷雾方法需要的喷雾机具复杂，防治成本高。

7. 精准喷雾

精准喷雾是指利用现代信息识别技术确定有害生物靶标的位置，通过控制技术把农药准确地喷洒到有害生物靶标上的喷雾技术。精准喷雾技术可通过以下两种方法实现：一是全球定位系统（GPS）和地理信息系统（GIS）的应用，施药者能准确确定喷杆喷雾机在田间的位置，保证喷幅间衔接，避免重喷、漏喷；二是基于计算机图像识别系统采集和分析计算杂草特征，根据有害生物靶标的有无控制喷头的开关，做到定点喷雾。

二、手动喷雾器的使用

1. 喷头的选择对防治效果影响大

喷头是手动喷雾器具最为重要的部件之一，是关系施药效果的关键因素。它在农药使用过程中的作用包括：计量施药液量、决定喷雾形状（如扇形雾或空心圆锥雾）和把药液雾化成细小雾滴。

（1）扇形雾喷头。药液从椭圆形或双突状的喷孔中呈扇面喷出，扇面逐渐变薄，裂解成雾滴。扇形雾头所产生的雾滴大都沉积在喷头下面的椭圆形区域内，雾滴分布均匀，主要用于安装在喷杆上进行除草剂的喷洒。也可喷洒杀虫剂或杀菌剂用于作物苗期病虫害的防治。喷除草剂或做土壤处理时，喷头离地面高度为 0.5 米；

喷杀虫剂、杀菌剂和生长调节剂时，喷头离作物高度 0.3 米。采用顺风单侧平行推进法喷雾，严禁将喷头左右摆动。首先将扇形喷头的开口方向调整到与喷杆方向垂直，施药时手持喷杆与身体一侧保持一定距离（以直线前进时踩不到施药带为宜）和一定高度，直线前进即可。

（2）空心圆锥雾喷头。空心圆锥雾喷头的喷孔片中央部位有 1 喷液孔，按照规定。这种喷头应该配备有 1 组孔径大小不同的 4 个喷孔片，它们的孔径分别是 0.7 毫米、1.0 毫米、1.3 毫米和 1.6 毫米，在相同压力下喷孔直径越大则药液流量也越大。用户可以根据不同的作物和病虫草害，选用适宜的喷孔片。由于喷孔的直径决定着药液流量和雾滴大小，操作者切记不得用工具任意扩大喷片的孔径，以免破坏喷雾器应用的特性。用于喷洒杀虫剂和杀菌剂等，适用于作物各个生长期的病虫害防治，不宜于喷洒除草剂。施药时应使喷头与作物保持一定距离，避免因距离过近直接喷洒而造成药液流淌、分布不均匀等现象。采用顺风单侧多行交叉"之"字形喷雾方法，确保施药人员处在无药区。

（3）可调喷头。可根据不同防治对象，旋转调节喷头帽而改变雾锥角和射程，但调节喷头对其雾化质量有很大影响。随着旋转喷头帽角度的增大，雾滴直径将显著变粗，甚至变成水柱状，此时虽可进行果树施药，但农药流失量大，浪费严重。此喷头的流量大，主要用于喷洒土壤处理型除草剂和作物基部病虫害的防治。

另外，在施药人员施药时药液还容易从药箱上口溅出来，滴到施药人员身上，所以药箱中的药液一定不要加得太满。

2. 手动喷雾器的清洗

喷雾器等小型农用药械在喷完药后应立即进行清洗处理，特别是剧毒农药和除草剂，要立即将药械桶内清洗干净，否则导致残留在药桶内对农作物或蔬菜产生毒害、药害。

三、机动喷雾器的使用

1. 启动与停机

启动之前，把机器放在平稳牢固的地方，确定无旁观人员。在接近汽油、煤气等易燃物品的地方不要操作本机。

（1）启动前的检查。

①新机开箱后，对照装箱清单检查随机零件是否齐全，并检查各零部件安装是否正确牢固。

②检查火花塞各连接处是否松脱，火花塞两电极间隙是否符合要求，火花塞是否正常。

③将起动器轻轻拉动几次检查机器转动是否正常。

（2）冷机启动。

①将静电开关置于"关"位置。

②将化油器上阻风门置于全开位置。

③轻轻拉出启动绳，反复拉动几次，使混合油进入箱体。注意启动绳返回时，切不可松手，应手握启动器拉绳手柄让其自动缩回，以防损坏启动器。

④将化油器阻风门置于全闭位置，再用力拉动启动绳。

⑤发动机启动后，将阻风门置于全开位置，让机器低速运转3~5分钟后，再将油门置于高速位置进行喷洒作业。

（3）热机启动。

①发动机在热机状态下启动时，应将阻风门置于全开位置。

②启动时，如吸入燃油过多，可将油门手柄和阻风门置于全开位置，卸下火花塞，拉动启动绳5~6次。将多余的燃油排出，然后装上火花塞，按前述方法启动。

（4）停机。

①将油门手柄松开即可。

②喷雾时，先关闭药液开关再停机。

注意：启动后和停机前必须空转3~5分钟，严禁空载高速运转，防止汽油机飞车造成零件损坏或出现人身事故。严禁高速停车。

2. 喷雾作业

（1）喷雾作业前的准备。

①加药液前，先加入清水试喷1次，检查各处有无渗漏。

②加药时应先关闭输液开关，加液不可过急、过满以防外溢。

③药液必须干净,以免堵塞喷嘴。

(2) 喷雾作业。启动机器后背起机器,调整操纵手柄,使汽油机稳定在额定转速左右,打开输液开关,用手摆动喷管即可进行喷雾作业。在一段长时间的高速运转后,应使机器低速运转一段时间,以使机器内的热量可以随着冷空气驱散,这样有助于延长机器使用寿命。

①控制单位面积喷量,可通过调量阀完成,位置1喷量最小,位置4喷量最大。

②控制单位面积喷量,除用调量阀进行速度调节外,还可以转动药液开关角度,改变药液通道截面来调节。

③喷洒灌木可将弯管向下,防止药液向上飞。

④由于雾滴极细,不易观察喷洒情况,一般认为植物叶子只要被吹动,就证明药液已到达了。

第九章 农业防控

第一节 选育抗病良种

一、选育抗病良种概述

选育抗病虫的高产良种是防治病虫害最经济、最有效的办法，农作物对病虫害有一定的抵抗性和补偿性，这是农作物的一种特性。但其抵抗性程度往往差异很大，作物不同品种间抗病虫能力的差异，主要是由于品种间形态或生理上的不同而形成的。如较抗赤霉病的小麦品种，一般具有穗型疏松、麦粒稀散、开花历期短、颖壳紧闭、光滑等形态特征。

为了获得抗病虫品种，从外地引种和现有材料中选择，或者通过有性杂交或无性杂交的方法，在杂交后代中并通过自然鉴定或人工接种诱发鉴定，可以造出较好的抗病虫和高产品种。此外，还可利用电离辐射、放射性元素照射、化学激素处理、太空育种等诱发植物变异，选出抗病虫品种（系），对已有抗病虫品种，还要不断选择、培育和复壮，同时注意保证高产和优质。如有的品种可抗稻瘟病、白叶枯病、病毒病，还抗稻叶蝉和褐飞虱。

二、主要粮食作物的抗病品种

1. 小麦的抗病品种

（1）鄂麦170。鄂麦170是湖北省2014年唯一审定的小麦优质高产新品种。鄂麦170属于半冬性早熟抗寒性好的优质品种，白色籽粒，角质光亮，籽粒饱满度良好，属优质麦标准。茎秆粗壮弹性好，抗倒伏性很强。植株集中紧凑，茎秆蜡层厚，抗病性非常好。大穗大籽粒，产量高，通常亩产600千克左右。

(2) 太麦198。太麦198是优质、抗性强、高产、适应性广泛、新审定的品种。它具有中抗赤霉病、矮秆、高产、广适等突出优点，具备冀鲁豫麦区大品种和换代品种的潜力。它是山东省2016年审定的唯一的一个中抗赤霉病的高肥水品种，还能抗小麦叶锈病、白粉病和纹枯病。属大穗品种，平均亩产在630千克左右。

(3) 洛麦26。洛麦26是黄淮麦区唯一的各方面特性超越矮抗58的新品种，使用和推广前景不可限量。洛麦26矮秆、弹性好，高抗倒伏；属半冬性多穗型中早熟优质品种，幼苗生长健壮，抗寒能力强，抗倒春寒；抗干热风早熟性好；植株健壮紧凑，旗叶宽长，叶片肥大，光合作用强；大穗大籽粒，产量三要素数据高，一般亩产不低于650千克。

(4) 中麦875。中麦875是中国农业科学院选育的具有大穗抗寒抗干热风优质高产新品种。它属于半冬性中早熟品种，冬季抗寒性较强，无冻害，抗倒春寒能力强；大穗大籽粒，产量三要素比较高，籽粒鲜亮饱满，商品性好，粉质优良，属于优质小麦；对小麦叶枯病、赤霉病抗性强，高抗倒伏，根系发达，叶功能好，灌浆速度快，耐旱耐高温，抗干热风；产量比普通品种要高。

(5) 泛麦803。泛麦803属半冬性中早熟小麦品种，完美地继承了邯6172抗寒、抗病、广适、耐高温和周麦16矮秆、大穗的优点，是一个集矮秆、大穗、抗病、抗干热风、早熟等优点于一身的优异小麦新品种。主要抗条锈和白粉病、纹枯病。

小麦具有多抗性，优质高产品种非常多，在种植过程中，要选择适合本地气候特点和自然条件的好品种。

2. 玉米的抗病品种

(1) 廉玉1号玉米种。廉玉1号玉米种适宜在甘肃、宁夏、内蒙古、新疆、山西等中晚熟区种植。活秆成熟、抗病、抗倒伏、株型紧凑透光性好。经河北省农林科学院植物保护研究所鉴定，抗小斑病、茎腐病，高抗矮花叶病、大斑病，抗玉米螟。

(2) 豫禾988玉米种。豫禾988玉米种主要特点是高产、稳产、抗病性强，抗逆性强。经河北省农林科学院植物保护研究所鉴定，2010年，高抗矮花叶病，中抗小斑病、大斑病、茎腐病；2011

年，高抗矮花叶病，中抗小斑病、茎腐病，感大斑病。

（3）伟科966玉米种。伟科966玉米种适宜黄淮海玉米主产区（北京、天津、河北保定及以南地区、山西南部、河南、山东、江苏淮北、安徽淮北、陕西关中灌区等区域）种植。叶片肥厚、浓绿，株型紧凑，通透性好，茎秆坚韧；抗性更好，抗大小斑病、褐斑病和锈病。

（4）齐单1号玉米种。齐单1号玉米种适宜在我国西南地区、山东省玉米种植区及东北、华北春播区种植。具有高产稳产、抗病抗倒、适应性广、根系发达、抗旱性好。高抗小斑病、瘤黑粉病、矮花叶病，抗大斑病，抗弯孢菌叶斑病。

（5）鲁单6076玉米种。鲁单6076玉米种在山东省适宜地区可作为夏玉米品种种植。该品种是个高产稳产品种，品质优良、抗病性强。高抗矮花叶病，中抗小斑病、大斑病、弯孢叶斑病和茎腐病。

3. 水稻的抗病品种

（1）中嘉早32。全生育期平均109.2天，田间表现株型紧凑，分蘖中等，剑叶挺直，后期转色好，穗型大，着粒较密，结实率高，综合表现中抗稻瘟病和白叶枯病。

（2）甬优6号。属籼粳杂交新组合，强根、壮秆、厚叶，大穗，具有超高产株型结构，稳产习性，中抗稻瘟病和白叶枯病，可作单季中稻种植。

（3）甬优9号。该组合属中熟偏迟单季籼粳杂交晚稻，全生育期平均152.7天，株型集散适中，茎秆粗壮，株高适中，分蘖中等，抗倒性好，熟相清秀。穗型大，生长整齐，丰产性好。较抗稻瘟病、白叶枯病和褐飞虱。

（4）中浙优8号。属迟熟杂交中籼，全生育期平均137天，株型挺拔，分蘖力强，穗大粒多，生长清秀，后期熟相较好，中抗稻瘟病。

（5）龙粳25。粳稻，剑叶较短且张开角度小，整齐一致，分蘖力强，幼苗长势强，后熟快，抗倒性强。黑龙江省品种审定委员会指定稻瘟病鉴定单位鉴定为抗稻瘟病品种。其中人工接种叶瘟

4~5级，穗颈瘟1级。

第二节 合理耕作方式

合理耕作制度可促进土壤肥力，使作物生长良好，提高抗病虫能力。由于作物习性的不同以及耕作栽培技术的变化，通过改变田间环境，形成不利于病虫滋生和繁殖的条件，从而减轻病虫草害的发生，以达到减药控害增效的目的。

一、深翻土地

许多病虫害的虫卵、病原菌及杂草的种子，多是在土壤里进行越夏（冬），而通过深翻土地，使虫卵、病原菌、杂草种子暴露于土表，失去固定的生存条件，加上日晒、雨水冲淋，从而失去生命活力而致死。尤其是在北方，冬翻土地是消灭菌（虫卵）源，控制其发生为害的重要措施之一。

二、轮作倒茬

在烟粉虱发生严重菜园，要尽量避免茄科、葫芦科、豆科和十字花科蔬菜间的连茬、连作，而实施与葱、蒜、生姜和菠菜等烟粉虱不喜欢的作物轮茬、轮作，即可降低烟粉虱种群发生量。尤其是秋冬茬轮作，对压低越冬代基数，减轻来年发生为害有显著效果。水旱轮作，使为害旱地作物的小地老虎显著减少，使为害水稻的螟虫、食根叶甲和稻水象甲也减少，对控制土传病害如番茄青枯病、根结线虫病和甘薯瘟病也有效。

三、合理密植

由于单株营养面积适当，通风透光正常，发育条件良好，作物生长健壮，抗病虫性和补偿力相应会提高，由于作物产量增加，因病虫为害的损失率即相对降低。对于水稻而言，合理密植缩短了水稻的分蘖期，并使抽穗整齐，可以减少稻螟为害机会。

四、间种套种

间种套种对减少病虫害杂草的发生为害也有一定的作用,如棉、麦间作对防治棉蚜有利,这是由于麦子的天敌可直接迁移到棉花上消灭蚜虫,并能防止棉蚜迁飞传播。再如春夏连片种植大白菜等十字花科蔬菜可在行间、田边种植一定数量的毛芋〔白菜:毛芋=(10~15):1〕,可使斜纹夜蛾大量地集中在毛芋上产卵,孵化为小幼虫窝,加以集中消灭,从而大大地减少斜纹夜蛾对十字花科蔬菜的为害,这是经农业生产实践可行的控制害虫为害的有效措施。

五、施用石灰

对于土壤偏酸性的地区,有利于细菌性青枯病和十字花科蔬菜根肿病的发生。在种植蔬菜前,结合翻地,每亩土施50~100千克生石灰,以调节土壤酸碱度,消灭土壤里的病菌,可明显地控制上述两种病害的发生。

六、中耕除草

稻田和菜田通过中耕除草,尤其是采用化学除草,不仅可消灭某些病害和害虫寄生的杂草(如稗草是大螟和稻纹枯病的中间寄主,小蓟和野生番茄是地老虎产卵的场所,清除了杂草可减轻病虫害的发生与传播),还能使作物生长、发育的环境得到改善,抑制病虫的发生和为害。如马铃薯适时中耕、培土可以防治疫病的病菌侵染地下块茎,减轻其为害。清洁田园,绑蔓上架,摘除病、老黄叶,深埋处理,对控制番茄灰霉病、菌核病、叶霉病、潜叶蝇、烟粉虱、茶黄螨和斜纹夜蛾等病虫害有重要作用。

七、合理施肥

合理施肥能改善作物营养条件,提高作物抗病虫的能力和减少因病虫为害损失的程度,是获得丰收、增产、增效的有力措施。缺肥、缺水的作物生长不良,使一些病虫,如水稻、茭白胡麻斑病和十字花科病毒病容易发生。在缺乏肥料、生长衰弱的植株上，由于含有较多的糖和蛋白质的水解产物，为蚜虫和螨等害虫提供了营养条件，常常促进这些害虫大量繁殖。因此，适当合理施肥可以减轻病虫害为害。施肥还可加快作物的生长发育速度，避开害虫盛期，可以加速虫伤部分的愈合。目前在水稻和蔬菜采用叶面肥（根外追肥），如蔬菜常用磷酸二氢钾、绿芬威和翠康生力液等叶面肥，促进叶绿素增加，使植株生长健壮，提高植株抗病能力。如果施肥不当或过多，也能营造病虫发生和繁殖的有利条件。偏施和过迟、过量施用氮肥，会造成作物枝叶徒长，组织软弱，常引起水稻白叶枯病和稻纹枯病，番茄灰霉病和晚疫病等发生。稻田氮肥多，水稻叶色浓绿，可招致稻飞虱、叶蝉和螟虫的为害。蔬菜偏施氮肥会引起植株疯长，造成开花结果少、产量低的不良后果。对于肥料带菌传播的病虫害，如油菜潜叶蝇的虫卵，甘薯黑斑病菌和杂草的种子，施用不带病菌、虫卵的腐熟肥料，可控制病、虫、杂草的传播来源。所以，应做到及时、合理、科学地施肥，注意氮、磷、钾的配合，也是防治病虫草害的有效措施。

八、科学排灌水

科学排灌水，可以使病虫生活环境发生很大的变化，特别是对于生存在土壤中、表土层及作物茎基部的害虫影响最大。如地老虎、蛴螬和蝼蛄等，灌水常常可以引起这些地下害虫大量死亡。南方菜区，在7—8月高温季节，采用高温（使棚内温度达50~60℃），灌深水10厘米，闷棚3~5天的方法，让农田休闲一段时间（15天左右），可杀死土壤里多种病原菌和虫卵。

适当排水晒田能降低田间的湿度，可使作物茎叶坚硬、挺拔，提高抗病力，并抑制病菌生长、繁殖，显著地减少病害。如浅水勤灌，适时适量排水晒田，可以明显地抑制稻瘟病、纹枯病、白叶枯病和细条病等的发生蔓延。南方多雨季节，雨后及时排水，防止蔬菜淹水，可明显地减少根腐病、猝倒病、立枯病和枯萎病的为害。

第三节　设施栽培技术

设施栽培技术包括营养钵育苗，滴灌、地膜覆盖，大（中、小）棚和温室保护栽培等内容。随着高新现代化蔬菜实施栽培的进展，人们也逐渐认识到其具有控制和减少蔬菜等作物发生为害的功能与作用。

一、地膜覆盖控害效应

地膜覆盖是在地面应用防寒保温或降温的一种专用塑料薄膜进行覆盖，薄膜厚度仅有 0.01~0.015 毫米的聚乙稀薄膜。地膜覆盖以便在春寒天气提早栽培的一种方式，或在夏季进行遮光，降温蔬菜栽培，它是一种简易覆盖的方法，对于解决早春和初冬的蔬菜供应起到重要作用。地膜覆盖技术被广泛地应用于玉米、棉花、草莓、茄果、瓜类、芹菜和花菜等多种作物上。地膜覆盖栽培具有以下几方面的功能与效应。

1. 改善了作物生长的生态条件

地膜覆盖与露地栽培相比，使蔬菜等作物生长的土壤受到了地膜的保护，使其不直接受到强光的暴晒、暴雨的淋冲及风沙的侵袭，使土壤处于一个相对稳定的状态，从而改善了作物生长的生态条件。

2. 提高了土壤湿度

提高了土壤温度，据测试，覆盖后土壤耕作层（地下 5~10 厘米）温度一般比露地提高 2~4℃，浅土层的增温效果要比深土层更明显。

3. 改善了田间的光照条件

通过地膜吸光作用，可将部分阳光反射到蔬菜群体中去，使植株下部获得较好的光照条件，提高蔬菜等作物对光的利用率。

4. 具有保墒、提墒作用

地膜覆盖后，防止水分的直接蒸发，因而能保持均匀而稳定的土壤水分，起到了保墒、提墒作用。

5. 土壤速效养分增多

由于地膜覆盖有良好的热效应,有利于微生物的活动,加速了土壤中有机质的分解,使硝化作用旺盛,硝态氮增多,容易被作物利用。土壤中 CO_2 也明显增加,有利于蔬菜对养分的需要。

6. 有利于作物根系的生长,增加了作物抗病能力

地膜覆盖有一定的护根作用,蔬菜不易发生根部病害,如沤根、烂根等生理病害也会很少出现。地膜覆盖,特别是对青椒、番茄和西葫芦等蔬菜病毒病的发生有十分明显的抑制作用。

7. 减少了杂草的为害

生产实践可证,蔬菜作物采用地膜覆盖栽培法,可显著地控制和减少杂草发生与为害,控制草害率可达80%左右。尤其是应用杀草膜(地膜内含有除草剂的成分),将这种杀虫膜覆盖地面,除草剂从膜内析出,溶解在膜下的小水滴中,水滴滴在畦面上,形成一层覆盖药液层,杂草幼芽一出土接触药剂即可被杀死,确保蔬菜一生无草害。

二、蔬菜保护地营养钵育苗

随着蔬菜等作物反季节、周年生产、实施栽培技术的进展,人们对培育壮苗在蔬菜生产过程中作用的观念和意识越来越强。目前,在瓜类、茄果类和豆类等蔬菜等生产过程中,大多采用保护地营养钵育苗技术,无论是冬季还是夏季种植蔬菜均可以采用这项育苗技术,一般而言,冬季茄果、瓜类蔬菜生产采用保护地营养钵育苗其效应更加明显。冬季气温低,不能满足茄果、瓜类蔬菜种子发芽出苗对温度的需要,若采用露地育苗,几乎无法成苗,这就延误了冬季茄果、瓜类蔬菜的生产。而采用大棚温室苗床营养钵育苗,一则可充分利用其保温、提温、防寒的功能,使棚里白天温度控制在20~25℃,土温为15~18℃,夜间保持在15℃,以满足茄果、瓜类等蔬菜种子发芽、出苗生长对温度的需要,使种子发芽快,出苗和成苗率高,根系发育好,秧苗生长健壮,缩短秧苗时间(比露地育苗令缩短20天左右),确保了冬季蔬菜生产对秧苗的需要和供应。二则利用营养钵的优质,无病虫卵,合理配方基质的效能,减

少了基质带有病菌（虫卵）的概率，从而减少了幼苗期猝倒病、立枯病和根腐病等土传病害与地老虎等地下害虫发生与为害。

在蔬菜生产中，南方菜区7—8月种植芹菜、瓜类，采用保护营养钵育苗技术，主要是利用顶膜上直接覆盖遮阳网或将其换盖遮阳网降温的大棚功能，采用这项技术，可使棚里白天温度下降3~5℃，土温下降3~4℃，避免台风暴雨和强光直射对秧苗的不良影响，减少了烂根病和高温性萎蔫病为害，有利于培育壮苗，为夏季蔬菜生产提供了充足的秧苗。

三、蔬菜大棚保护地栽培

大棚是一种采用钢管立柱为支架，顶部用塑料薄膜覆盖，人可站立在其中进行各项农事操作的大棚。大棚栽培可在深秋、初冬和早春或寒冷地区播种育苗和定植，也可在秋后延长蔬菜的生长期。此外，尚可在高温季节揭去顶部薄膜，覆盖遮阳网进行避雨降温栽培，充分利用地力，提高土地的利用率和复种指数，做到蔬菜周年生产、上市。因此，大棚蔬菜生产栽培得到了广泛的发展。此外，大棚覆盖蔬菜栽培可控制多种生理性的低温和高温引起的生理性障碍病与烟粉虱的发生、为害。

（一）控制和减少茄果类蔬菜落花落果

早春温度偏低，尤其是花期，夜温在12~15℃，花粉管不伸长或伸长缓慢，难以正常授粉而落花。夏季，白天温度偏高，如白天高于34℃，夜间高于22℃或40℃高温持续达4小时，则花柱伸长明显高于花药筒，致子房萎蔫或雌雄蕊正常生理受到干扰，授粉不正常而落花。若早春（1—3月）露地蔬菜栽培，月平均气温均低于10~12℃，夏季7—8月，最高气温达36℃，有些年份高温天气持续时间较长，同样造成茄果类落花落果。而采用大棚冬季多层覆盖，使棚内白天温度在25℃左右，夜间在15℃以上，即能满足其花器的发育，大大减轻落花落果。夏季大棚顶膜改换内遮阳网，可使棚里气温下降3℃左右，同样可减少落花落果。

为减少番茄高温障碍性萎蔫，夏季高温季节，露地栽培番茄或塑料大棚番茄，当白天温度高于35℃或40℃持续4小时，夜间高于 20~22℃，就会引起番茄高温性萎蔫病，叶片受害，初叶绿色褪色或叶缘呈漂白状，后变黄色，病叶呈烧伤状，终致植株永久萎蔫或干枯，而夏季大棚种植番茄，可将顶膜换为遮阳网，使棚里温度下降 3℃，也可减轻这种高温性障碍病。

（二）防止黄瓜低温障碍病

黄瓜属喜温性蔬菜，耐寒力弱，生长发育适温，白天需 28~32℃，夜温需 15℃ 左右，如浙南地区冬春往往会出现 −3~−1℃ 的低温天气，对黄瓜生长非常不利，即出现低温性障碍发生病害，轻者叶片发黄，植株呈开水烫过似的萎蔫状，重者植株冻死。

而采用大棚栽培，多层覆盖保温措施，使棚里白天和夜间温度均能适应黄瓜生长、发育的需要，即可控制，减少和控制黄瓜低温性障碍病发生与为害。

（三）防止番茄低温性障碍病

番茄起源于热带，气温低于 13℃ 时，不能正常坐果，夜温低于 15℃ 会造成落花落果，气温在 10℃ 或低于 10℃ 易发生冻害，长时间低于 6℃ 即发生低温性障碍病，叶片暗绿无光，叶背向上反卷，叶片萎蔫干枯，顶芽生长点受冻呈萎蔫状，低温时间长，植株将死亡。浙江各地冬春低温天气不能满足番茄生长发育需要，如不采用大棚栽培，番茄低温性障碍发生严重，甚至不能种植番茄。而采用大棚多层覆盖栽培，即使在寒冷的冬季，也能基本满足其生长发育的需要，有效地防止番茄低温性障碍病。

（四）防止黄瓜沤根病

沤根（病）是黄瓜育苗期常见的一种低温性生理病害，根部老根腐朽，不能发新根，幼根表面呈锈褐色而后腐烂，致使地上部叶片变黄，严重的萎蔫枯死，幼苗极易拔起，这是由于低温（地温低于 12℃）持续时间长、连续阴雨天气、光照不足等因素而引起的。而冬春采用大棚保护地育苗、定植，使棚内地温高于 12℃，即可有效地防止黄瓜沤根（病）。

（五）控制黄瓜花打顶

黄瓜花打顶的症状表现为：黄瓜的生长顶端形成花的器官，花开后，瓜条停止生长，顶部结出成串无价值的小瓜，植株矮小，停止生长，基本上无产量。据有关资料报导和产生实践证明，黄瓜花打顶主要病因是由于早春低温（地温低于10℃）而引起的。克服和防止黄瓜花打顶的发生与为害的主要措施之一，是采用大棚保温栽培技术。

(六) 防止化瓜现象

黄瓜、瓠瓜、西葫芦等瓜类均属雌雄异花同株、异花授粉植物，早春栽培若遇到低温（气温低于12℃），妨碍受精则产生化瓜现象，即雌花子房形成的瓜纽（小瓜）即萎蔫脱落，早春露地栽培，黄瓜、瓠瓜、西葫芦，如遇到低温阴雨天气，化瓜现象普遍发生，形成"花而不实"只见脱落的发黄小瓜，而少见成熟的大瓜，严重影响其产量。而推广、应用大棚保护地栽培，可明显地提高昼夜棚内温度和土温，促进雄花花粉的形成及其授精，有效地防止瓜类化瓜现象，从而提高瓜类产量和品质。

第十章 绿色防控

第一节 物理防控

一、诱杀法

诱杀法是利用害虫的趋性（趋光性、趋化性）或某些特殊的生活习性设计诱集器或性诱剂进行诱杀害虫。诱杀法不仅可直接消灭害虫，还可预测害虫发生的动态，这种方法在实际应用上又为分灯光诱杀、食饵诱杀、粘虫板诱杀和性激素诱杀。

1. 灯光诱杀

灯光诱杀是根据昆虫具有趋光性的特点，利用昆虫敏感的特定光谱范围的诱虫光源，诱集昆虫并有效杀灭昆虫，降低病虫指数，防治虫害和虫媒病害的专用装置。主要用于害虫的杀灭，减少杀虫剂的使用。

灯光诱杀的工具是频振式杀虫灯，挂灯时间一般在4—10月，在害虫成虫发生期，每30~60亩设一盏佳多频振式杀虫灯，佳多频振式杀虫灯采用光、波、色、味专利技术采用远距离用波，近距离用光源在配上特定颜色和气味引诱潜叶蛾成虫扑打灯外配以频振高压电网触杀害虫，使害虫落入灯下的接虫袋中。其对多种趋光性害虫诱获量大、始见期早、准确及时，能如实反映害虫各代的成虫发生期，测报性能优于黑光灯，也是一种准确预测预报各种害虫发生期和发生量的较好测报工具。频振式杀虫灯诱杀数量大、应用范围广、面积大。诱杀害虫种类广泛鳞翅目、鞘翅目、直翅目、半翅目、同翅目、膜翅目、双翅目、广翅目、毛翅目、革翅目、蜚蠊目等13个目的1 287余种害虫。

2. 食饵诱杀

食饵诱杀，利用害虫的趋化性采诱或诱集害虫。例如，糖酒醋液诱杀地老虎的成虫（蛾子），用红糖 3 份、醋 3 份、白酒 1 份、水 10 份混合后按 1∶1 000 混配。加入敌百虫或敌敌畏乳剂，置于盆钵里，在小地老虎成虫盛放期，放于田间可诱导到大量的蛾子。在棉区棉铃虫成虫盛放期，将 3~5 枝新鲜的杨柳枝扎成把，于傍晚放于棉田里，可诱集到大量棉铃虫成虫（2 天换 1 次）。再如，用敌百虫药液浸渍薯片诱杀甘薯小象甲成虫，用炒香的米糠、玉米，加少许敌百虫，于傍晚撒于蝼蛄、蟋蟀和地老虎活动取食的场所，可诱杀致死大量的地下害虫。

3. 粘虫板诱杀

粘虫板是属于高效环保型捕虫板，根据害虫的趋黄色、趋蓝色特性原理，将捕虫板上涂上环保专用胶，当害虫撞击捕虫板时，捕虫板的粘胶将其粘住，不能活动和取食。经不久（1~2 天），害虫因黏着失去活力而饥饿死亡，从而达到治虫的目的。

粘虫板可诱杀多种小型的害虫，主要有同翅目的各种蚜虫、烟粉虱、白粉虱、梨木虱，缨翅目的蓟马，双翅目的美洲斑潜蝇、豌豆潜叶蝇和双翅目的瓜类果实蝇等害虫。

粘虫板的使用方法如下。

①板量。大棚内按每亩放置 20~25 个大型板（40 厘米×25 厘米），30 个左右中型板（25 厘米×20 厘米），或小型板（15 厘米×25 厘米）40 个左右，并均匀分布。

②用塑料绳或细铁丝一端固定在温室或大棚顶端，另一端扎在捕虫板顶留孔，现代温室也可直接粘在立柱上，粘虫板放置的高度一般应与作物在同一水平面上或稍高于作物。

③用竹竿或铁棍下端插入地里，将诱虫板固定在竹竿或铁棍上端。

④当粘虫板上的粘虫面积达 60%以上时，粘虫效果下降，应及时清除粘板上的害虫或更换粘虫板，当粘虫板粘胶不粘时也应及时更换。

4. 性激素诱杀

性激素诱杀是通过人工合成雌虫在性成熟后释放出一些称为性信息素的化学成分，吸引田间同种类寻求交配的雄虫，并将其诱杀于诱捕器内，具有高度的专一性，诱杀效果较好。

（1）诱捕器制作。

①诱捕器及安置。诱捕器以口径为8厘米的透明诱集瓶为宜，取性诱芯1粒，用细铅丝固定在瓶上方1厘米左右的中心处，瓶内灌肥皂水离瓶口2厘米，将诱集瓶固定的木棒上，分别安置于诱测区域，在一个诱测区域，应放置同一性诱芯诱捕器3个，各诱捕器相距40米左右（可采用直线或等边三角形），不同性诱芯应分开放置，以免互相干扰。一般情况下，性诱芯10天更换1次，在高温干旱气候时，7天更换1次，应保持诱捕器中水量，勤换肥皂水。

②诱捕器的制作。用废弃可乐瓶制作诱捕器，在每个瓶口1/3处等距离剪4个方位，分别剪2厘米×2厘米口径上下对称的孔口计8个，瓶内分别装小量洗衣粉（或肥皂）水，高度接近诱芯，每个诱捕器放诱芯1枚，诱芯的位置与孔口在同一水平线。

（2）诱捕器投放密度及地点。集中连片地可减少诱捕器使用数量，3~10亩用1只或50米间距1只；三角交叉排列，可在保证防效的前提下大大降低成本，投放地点以菜地上风口处为宜。

（3）诱捕器悬挂高度。以3米为宜，大棚基地可挂在棚梁下，或用竹竿悬挂，也可挂在菜地附近建筑物顶或窗外。

（4）适时清理诱捕器的死虫。诱捕器下面盛虫瓶最好每天1换，不超过2天，收集的死虫不要倒在田间，可作饲料。

（5）夜挂昼收。夜挂昼收可延长诱芯使用寿命，每天换瓶时可把诱捕器收起放于阴凉处。

（6）及时更换诱芯。每4~6周需要更换诱芯，以提高诱虫效果。

二、遮阳网

遮阳网是以聚烯烃为主要原料，经拉丝编织而成的塑料网，是继农膜之后又一重要新型覆盖材料。遮阳网覆盖栽培在南方发展较快。近几年北方地区将遮阳网与大棚结合起来,对大棚蔬菜夏季早秋的育苗及栽培起到了很好的作用。

1. 遮阳网的作用及效益

遮阳网的作用主要有 5 个方面。

一是遮强光、降高温,一般遮光率可达 35%~75%,伴随着显著的降温效果。二是防暴雨、抗雹灾。三是减少蒸发,保墒防旱。四是保温、防寒、防霜冻。根据试验,冬春季节夜间覆盖可比露地提高气温 $1~2.8℃$。五是避害虫、防病害,利用银灰色遮阳网覆盖,避蚜效果为 88.8%~100%,防病效果为 88.9%~95.5%。此外,还具有培育壮苗,防止菜苗徒长的作用。

2. 遮阳网覆盖形式和应用

利用大棚架覆盖遮阳网,可以按大棚的覆盖宽度将遮阳网缝合好,直接盖在棚顶部,用压膜槽将网固定在棚顶部,网两侧离地面近 1 米有利于通风,网边缘有绳子固定于骨架、塑料薄膜大棚上也可覆盖遮阳网,这种形式遮光和防雨效果较好。

(1) 大棚覆盖遮阳网。栽培喜光的茄瓜豆类用银灰色遮阳网为宜,用作育苗和栽培喜弱光的叶菜,如小白菜、菠菜、大白菜、甘蓝、花菜和萝卜等,则以黑色遮阳网为好,进行育苗,后期要卷起网以利于炼苗。

(2) 小拱棚遮阳网覆盖。菜畦宽约 1.2 米,每隔 5~6 米插 1 条 2 米长的拱竹(宽 2 厘米)。拱竹与畦向垂直,入土两边要直,拱顶约 0.5 米。然后把 1.6 米宽幅的遮阳网覆盖在竹架上,网的两侧边缘用细铁线绑在骨架上,一侧易解开以便掀开通风。

小拱棚覆盖,应以栽培叶菜和育苗为主。一般栽培小白菜可增产 15% 以上,对秋菜萝卜、大白菜、芥蓝和葱蒜可提早播种,提早上市,育苗出苗率高。苗株健壮,定植后覆盖可以促进成活,促进生长,增加产量。

(3) 畦面遮阳覆盖。为了保持土壤湿度,减轻台风暴雨冲刷,可在叶菜播种或苗床播种后,在畦面覆盖遮阳网,苗出齐后应立即揭去遮阳网,这可以加快出苗,出苗率大幅度提高,并减轻猝倒病、立枯病的发生为害。

（4）其他。浮面覆盖是用遮阳网直接覆盖在作物上面；也可用竹竿、绳子搭成简易的水平棚架（高60~70厘米）覆盖遮阳网。

总之，遮阳网的覆盖可根据季节和作物不同，采用就地取材，因地制宜的方法进行。

三、防虫网

防虫网覆盖栽培是继遮阳网覆盖栽培后，又一新型蔬菜夏秋设施栽培技术，在发达的国家该项技术已被广泛采用。

（一）防虫网的作用

1. 防虫

夏秋季节是青菜虫、小菜蛾、斜纹夜蛾、甜菜夜蛾、猿叶虫、跳甲和蚜虫等多种有害虫的多发时期。覆盖防虫网后，由于防虫网网眼少，一般密度为22~30目，又是全生长期覆盖，害虫飞（钻）不进，在田间形成一个人工隔离屏障，可以有效地抑制害虫侵入和切断害虫传播途径，防虫效果良好，覆盖防虫网后实现了蔬菜生产不打或少打农药。

2. 防病

防虫网覆盖对叶菜霜霉病和白斑病等气性叶面病害的防治效果可达60%~90%。此外，对叶菜软腐病和大白菜干烧心病等病害均有不同程度的防治效果。

3. 防暴雨冲刷

防虫网网眼小，机械强度高，因而防暴雨冲刷效果十分明显，6—7月梅雨期雨量大、降水量多，此期播种的叶菜常受严重甚至绝收，而覆盖防虫网的，暴雨降到网上，经撞击进入网后已减弱为蒙蒙细雨，冲击力小，叶菜不仅无虫害，而且生长良好，抗灾增产效果十分显著。

4. 省工节本，使用方便

蔬菜遮阳网的遮光率一般在30%~70%。由于遮光过多，不宜全程覆盖，需前盖后揭或日盖夜揭，或晴盖阴揭，管理较费工。防虫网遮光率在15%~25%，遮光较小，可以全程覆盖，一用到底，管理省工。应用防虫网覆盖后，叶菜全生长期可安全不打农药，节省农药喷药用工。亩茬次可节本80~100元。

5. 减药控害，增产、增效

防虫网还具有保湿、防强风、防冰雹、防冻害等功能，能增强抗灾能力。采用防虫网蔬菜栽培技术，可起到减药控害、增产、增效，维持农田生态平衡的作用。

应用防虫网种植蔬菜，可不打或少打农药，减少农药中毒，无虫眼，清洁少泥，生长期比露地提前4~5天，商品性提高，受消费者欢迎。

(二) 防虫网的使用

1. 大棚覆盖

将防虫网直接覆盖在棚架上，四周用土或砖压严压实。棚顶压线要绷紧，以防强风掀开。平时进出大棚要随手关门，以防蝶、蛾飞入棚内产卵。

2. 小拱棚覆盖

将防虫网覆盖于小拱棚的拱架上，以后浇水直接浇在网上，一直到采收都不揭网，实行全封闭覆盖。

夏秋栽培蔬菜一般采用防虫网全棚覆盖。生育期较长、高秆或需搭架的蔬菜需用大中棚栽培，以便管理、采收。夏秋栽培的速生叶菜类蔬菜，因其生育期短，采收相对集中，可用小拱棚覆盖栽培。晚秋、深冬、早春的反季节栽培，可在大棚放风口处设置防虫网，并用压膜线压紧。

第二节 生物防控

一、生物防控技术概述

1. 生物防控的概念

生物防控是利用生物或其代谢产物来控制有害动、植物种群或减轻其为害程度的方法。传统的生物防控主要包括病原微生物和天敌动物，现代生物防控的含义有了较大的扩展，还包括昆虫不育、昆虫激素和寄主抗性等方面。

2. 生物防控的特点

生物防控有很多优越性，如多具有预防作用，有的能够长期控制病虫害，对人畜安全，不污染环境，对植物及其他天敌无不良影响，不干扰其他防控措施。由于生物防控是利用天敌控制害虫，保持害虫与天敌的相对平衡，减少害虫的大量发生，因此是贯彻以防为主的必要措施。利用天敌防控害虫能长期有效地控制害虫，并通过传播和繁殖，扩大受益面积。但也有不足之处，如一种天敌能够防控的病虫害的种类一般不多、防控效果受环境条件的影响较大、控制效果出现较迟等。因此，生物防控应与其他防控方法结合进行。

3. 生物防控的重要性

综合防控是多种防控方法的综合，主要是控制害虫数量，使其不能造成为害，即使受到了损失，也在经济允许范围内。在防控前需要确定一个防控指标，当害虫达到防控指标时，才综合考虑采用物理防控、化学防控、生物防控等其他先进防控技术，生物防控是综合防控的重要内容。天敌因素的作用和如何利用天敌，从而用来控制害虫的数量，是综合防控首先考虑的问题。

二、生物防控的主要方法

1. 以虫治虫

利用捕食性或寄生性天敌昆虫防治害虫。捕食性天敌昆虫有螳螂、澳洲瓢虫、草蛉等，生产上我国曾引进澳洲瓢虫防治吹绵蚧，效果显著。寄生性天敌昆虫寄生于害虫体内，以其体液和组织为食，致其死亡。它们大多属于膜翅目、双翅目类昆虫，如被广泛利用的各种寄生蜂和寄生蝇等，它们寄生在蝶蛾等类幼虫体内或蛹内，致其死亡。

2. 以菌治虫

利用微生物的寄生或产生的毒素防治害虫。自然界中很多微生物能引起昆虫发病甚至死亡，常见的微生物包括一些虫生真菌（如绿僵菌、白僵菌等）、细菌（如苏云金杆菌）、病毒（如斜纹夜蛾核多角体病毒等）。目前，国内研究开发应用并形成商品化产品的微生物杀虫剂主要有细菌杀虫剂、真菌杀虫剂和病毒杀虫剂等种类。其中真菌杀虫剂有白僵菌、绿僵菌和拟青霉等，我国很多地方用白僵菌防治马尾松毛虫，取得了很好的防治效果；绿僵菌用于防治金龟子等地下害虫以及杨树等林木上的天牛，效果也不错。细菌杀虫剂 Bt 对鳞翅目幼虫如斜纹夜蛾、小地老虎和小菜蛾等有很好的防治效果，是目前研究最多、应用最广的细菌杀虫剂。病毒杀虫剂是一类以昆虫为寄主的病毒类群，有核型多角体病毒、颗粒体病毒等，它们可使某些植物害虫（如茶蚕、小茶蛾等）在自然环境中受到感染，对害虫的猖獗能起到较好的控制作用。

3. 以菌治病

利用微生物活体或其代谢产物来防治病害。如用野杆菌放射菌株 84 防治细菌性根癌病是世界上著名的生物工程防治成功事例，利用某些芽孢杆菌防治炭疽病、利用枯草芽孢杆菌防治水稻纹枯病、稻曲病等。

4. 利用各种有益动物防治害虫

除了寄生性和捕食性的昆虫天敌外，用于防治农业害虫的还有其他动物，主要是捕食性节肢动物和食虫的脊椎动物。鸟类天敌有啄木鸟、灰喜鹊、山雀等，可以捕食不同虫态的害虫。节肢动物除了捕食性天敌的螳螂、瓢虫外，还有螨类和蜘蛛，此外还有青蛙、蟾蜍等，都对控制害虫作出了极大的贡献。

5. 其他方法

除此之外，生物防治还有许多其他的内容，有的方法虽然可能起不到杀害的作用，但是可以达到控制害虫大发生的目的。如利用害虫利用体液、性激素等分泌物或排泄物，性激素可以诱集异性害虫，进而对异性害虫进行扑杀，另外干扰雄性和雌性正常交配，使害虫数量下降；还可利用在一个区域中使用保幼激素，使未成年的有害生物不能正常生长发育；一些生物药剂，通过接触害虫的表皮，可以改变昆虫表皮几丁质外骨骼的结构，从而使害虫不能正常蜕皮，最终死亡。

三、生物防控的应用

1. 利用瓢虫防治蚜虫

瓢虫是蚜虫的重要天敌。菜地里可见到的食蚜瓢虫的种类较多,均属于鞘翅目瓢虫科。主要种类有七星瓢虫、多异瓢虫、异色瓢虫、龟纹瓢虫和二星瓢虫等。

七星瓢虫,其幼虫和成虫均可捕食蚜虫,食量较大,一头四龄幼虫日捕食蚜虫1 000多头,七星瓢虫是菜田害虫优势天敌种群,其他生活习性详见稻田害虫天敌(七星瓢虫)。该瓢虫还可通过田间的保护、人工饲养、繁殖、建立种群数、释放到菜田、控制蚜虫等害虫的为害。

利用瓢虫防治蚜虫的步骤如下。

(1)释放时间。菜田投放瓢虫的时间,以下午接近傍晚、太阳将落时为宜。如果放虫时间太早,在阳光照射下,就会导致成虫大量迁移,幼虫亦因气温高而死亡率大增。

(2)释放的虫态。如果释放成虫,则其迁移性大,效果不稳定。若释放4龄幼虫,则其虽食量大,但化蛹期临近。因此,释放应以2、3龄幼虫为主,并应有一定比例的成虫。这是"混合兵种",持续时间长,效果好。

(3)释放虫量与释放时期。释放瓢虫量的问题比较复杂,因蔬菜品种不同而异。大白菜可比黄瓜释放少些;菜上蚜虫量大时要多放一些。

从时期上看,释放瓢虫应掌握在瓜蚜发生初期数量少时的点片阶段为最好。可以说以瓢治蚜的关键在于一个"早"字。在瓜蚜刚刚在菜株上发生时就应及时释放一定数量的瓢虫,让其捕食,释放时瓢蚜之比为一般以1:(50~100)为好,每亩释放1 500~3 000头为宜。

(4)释放瓢虫的方法。释放瓢虫时,连虫带叶顺垄撒于菜株上,每隔2~3行放虫1行,释放均匀。

(5)注意事项。释放瓢虫后2~3天,应暂停农事操作及喷药治虫,以免伤害瓢虫。

2. 利用智利小植绥螨防治茄类叶螨

智利小植绥螨属蛛形纲，植绥螨科，原产于智利和地中海沿岸。智利小植绥螨具有发育快、繁殖力强、捕食量大等特点，在自然界中，刮风下雨对它无太大影响，适应能力强等。它现已引起人们的重视，是较有利用前途的一种捕食螨。

按1∶10的益害比，在茄子植株上释放足够数量的智利小植绥螨，对叶螨进行有效的控制。释放的适期要抓住田间害螨发生始盛期，这时，它尚未造成经济损失，但它在蔬菜植株上又有足够的数量，有利于智利小植绥螨的定居和繁殖，及时释放小植绥螨，就能有效地控制住叶螨种群的数量。在江西释放智利小植绥螨以4—6月及9—11月较为适宜。因为此时气候条件较好，而且是叶螨的盛发期。

3. 利用白僵菌防治玉米螟等害虫

白僵菌是一种好气性真菌，在8~13℃均能生长，以24~28℃生长最旺盛，30℃最适宜孢子产生。它对害虫的致病性，在适温下可加速致病进程，而在低温下仍有很高的致病力。相对湿度对白僵菌的发育和孢子发芽影响很大，高温低湿有利孢子形成，而孢子萌发和菌丝生长需要较高湿度，如气温30℃、相对湿度25%~30%对孢子形成最为有利，孢子萌发和菌丝生长以相对湿度100%最适宜，相对湿度95%时，孢子发芽率明显降低。在中性或微酸性条件下生长好，pH值在9以上不生长。白僵菌主要通过昆虫皮肤接触感染，也可以通过消化道、气孔及伤口等感染途径入侵虫体。在昆虫体内形成节状菌丝和圆筒形孢子，反复增殖，破坏昆虫组织，导致昆虫死亡。

防治玉米螟，需要每亩用含活孢子100亿个/克的菌粉150克，加入碎煤渣、细沙粒等载体，拌匀即成颗粒剂，每株玉米用2克，施于喇叭口内。

防治松毛虫可用含活孢子100亿个/克的菌粉，加水稀释100倍，进行喷雾。

防治大葱地蛴螬，可每亩用剂量2.5千克，孢子含量为15亿~20亿/克，拌细土沟施，治虫效果达68%~85%。

主要参考文献

陈世勇.2014.化肥施用技术［M］.合肥：安徽大学出版社.

陈新颖，荆建军.2009.施用缓控释肥对花生产量的影响［J］.农技服务（6）：45.

董向丽，王思芳，孙家隆.2019.农药科学使用技术［M］.第2版.北京：化学工业出版社.

胡国安，孙福华，李红莲.2018.农药安全使用与经营［M］.北京：中国农业科学技术出版社.

马超，王德民，吴正锋，等.2009.缓释肥对旱薄地花生产量及其性状的影响［J］.作物杂志（1）：57-59.

马骏.2018.测土配方施肥技术［M］.北京：中国农业出版社.

全国农业技术推广服务中心.2017.化肥减量增效技术模式［M］.北京：中国农业出版社.

汪强，李双凌，韩燕来，等.2007.缓/控释肥对小麦增产与提高氮肥利用率的效果研究［J］.土壤通报（1）：47-50.